VALEUR COMPARÉE

POUR LE COMBAT

DU

FUSIL ACTUEL

DE L'INFANTERIE EUROPÉENNE

PAR

J. ORTUS

CHEF DE BATAILLON D'INFANTERIE DE MARINE,
Détaché aux marins-fusiliers.

AVEC 4 PLANCHES.

PARIS
LIBRAIRIE MILITAIRE DE J. DUMAINE
LIBRAIRE-ÉDITEUR
Rue et Passage Dauphine, 30

1880

VALEUR COMPAREE

POUR LE COMBAT

DU

FUSIL ACTUEL

DE L'INFANTERIE EUROPÉENNE

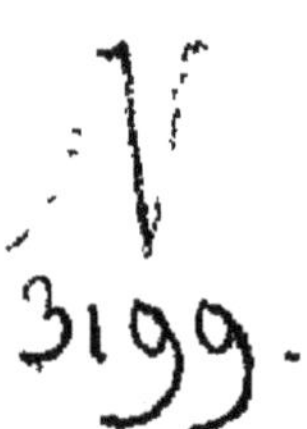

Extrait du **Journal des Sciences militaires**

(Septembre-octobre-novembre 1879.)

Paris. — Imprimerie de J. DUMAINE, rue Christine, 2.

VALEUR COMPARÉE

POUR LE COMBAT

DU

FUSIL ACTUEL

DE L'INFANTERIE EUROPÉENNE

PAR

J. ORTUS

CHEF DE BATAILLON D'INFANTERIE DE MARINE,
Détaché aux marins-fusiliers.

AVEC 4 PLANCHES.

PARIS
LIBRAIRIE MILITAIRE DE J. DUMAINE
LIBRAIRE-ÉDITEUR
Rue et Passage Dauphine, 30

1880

VALEUR COMPARÉE, POUR LE COMBAT,

DU FUSIL ACTUEL

DE L'INFANTERIE EUROPÉENNE.

CHAPITRE Ier.

Tension des trajectoires.

Dans un précédent travail (*l'Armement de l'infanterie française*), après avoir étudié le fusil mle 1874 et sa cartouche, nous avons dit quelques mots sur les armes étrangères et donné les renseignements que nous avions pu nous procurer à grand'peine sur la tension, la portée, la justesse et la vitesse de tir de ces armes. Ce travail, terminé en 1875, n'a pu être publié qu'en 1877 en même temps que le *Manuel de l'instructeur de tir* du 12 février 1877. L'ouvrage officiel a donné également, sur les armes étrangères, une série de tableaux qui ne sont autre chose que le résumé des nombreuses expériences comparatives faites à Vincennes et à Versailles sur le fusil mle 1874 et les armes étrangères. On peut donc y avoir une confiance entière.

Les résultats que nous avons donnés sur le fusil mle 1874 sont supérieurs à ceux fournis par le *Manuel*. Cela provient de ce qu'ils avaient été obtenus avec des armes et des munitions type, tandis que les commissions, au contraire, ont opéré avec des armes et des munitions fabriquées avec plus ou moins de soin dans diverses manufactures.

Quant aux armes étrangères, nos tableaux, dressés au moyen de renseignements puisés partout, n'ont pas la valeur de ceux du *Manuel*. Il nous aurait suffi de changer quelques chiffres et documents pour tenir notre travail à hauteur; mais nous avons pensé que cela ne suffisait pas. En effet, tous les documents sur la tension, la portée et la justesse des armes de guerre européennes ne donnant pas une idée suffisamment exacte de la valeur pratique de ces armes pour un tir de guerre, il nous a paru utile d'examiner à ce point de vue spécial l'armement de l'infanterie européenne.

En jetant, dans le *Manuel,* un coup d'œil sur les tableaux des flèches (18e) nous voyons que les fusils français, anglais et autrichien tiennent la tête. L'autrichien est le premier (avec sa nouvelle cartouche) jusqu'à 700 mètres, distance où il est rattrapé par le fusil anglais, avec lequel il marche presque de pair jusqu'à 1,000 mètres. Le fusil français, supérieur au fusil anglais jusqu'à 500 mètres, lui est légèrement inférieur à toutes les autres distances. Cependant la différence dans les résultats obtenus n'est sensible qu'à 1,000 mètres, où la flèche du fusil français (17.03) est plus forte de 1 mètre que la flèche du fusil anglais (16.04). A 800 mètres les trois flèches sont de $9^m,62$ pour le fusil français, $9^m,32$ pour l'anglais et $9^m,34$ pour l'autrichien.

Un fait analogue se produit pour le fusil suisse, qui a de toutes les armes européennes les flèches les plus fortes. A 200 mètres sa flèche est de $0^m,40$, à 500 mètres de $3^m,40$ et à 1,000 mètres de $19^m,15$. A ces mêmes distances les flèches du fusil anglais sont de $0^m,41$, $3^m,13$ et $16^m,04$. Ces différences ne sont pas très considérables jusqu'à 500 mètres, si l'on veut remarquer que le fusil anglais emploie une cartouche d'un poids exorbitant ($51^{gr},50$), donnant un recul violent, tandis que le fusil suisse n'exige qu'une petite cartouche de $30^g,7$, donnant un recul très supportable. Par suite, pour un même poids de 3 kilogrammes, le soldat anglais n'a que 58 cartouches, tandis que le soldat suisse en a 98.

Les renseignements donnés par le *Manuel* ne suffisent pas, nous le répétons. La justesse joue un rôle important quoiqu'elle ne marche qu'en dernière ligne après la portée et la tension. Ces trois facteurs principaux sont connexes, et l'on ne peut les séparer sans s'exposer à donner des renseignements tronqués et par suite erronés. En un mot, nous ne nous contenterons pas, dans ce qui va suivre, d'une trajectoire purement linéaire. Nous l'envelopperons des gerbes conoïdes, des écarts probables et de leurs multiples, et en opérant ainsi nous serons certain de la valeur des résultats et nous pourrons en déduire la valeur relative de chaque modèle d'arme. Ce travail-ci n'est donc autre chose que la quatrième partie de *l'Armement de l'infanterie française* et son complément naturel.

Résumons en quelques lignes les conclusions auxquelles nous sommes arrivé dans *l'Armement de l'infanterie française :*

Dans toute arme de guerre,

1° La portée et la tension marchent en première ligne. Un pas en avant fait dans cette voie est un progrès pour toute la masse des tireurs.

2° La justesse est subordonnée dans une certaine mesure à la tension et à la portée. Lorsqu'elle est suffisante, il n'est pas indispensable de l'augmenter, car cette augmentation ne peut être utilisée que par les tireurs d'élite, malheureusement en trop petit nombre dans les armées modernes.

En un mot, l'arme de guerre doit avoir une trajectoire à longue portée, la plus *tendue* possible, avec une justesse convenable.

La vitesse de feu n'est pas autre chose que la résultante de la facilité du chargement et de la prolongation suffisante du tir. Tous les modèles à chargement simple arrivent à tirer de 8 à 10 coups à la minute en ne laissant, bien entendu, au tireur que le temps strictement nécessaire pour ajuster. Dans les armes à répétition, le Winchester donne 18 coups dans la première minute et le Wetterli de 13 à 14. En comparant le Winchester en détail avec le fusil m^{le} 1874, il nous a été facile de prouver que l'infériorité de tension et de portée ne compensait pas la rapidité de tir plus grande, et logiquement nous avons donné la préférence à l'arme française.

Maintenant nous allons mettre en parallèle le fusil anglais et le fusil suisse, c'est-à-dire les deux modèles les plus perfectionnés, le premier de l'arme à chargement simple et le second de l'arme à répétition [1]. Ce sont également les deux armes extrêmes, à tous les points de vue, comme tension et portée, ce qui rend ce parallèle d'autant plus intéressant. Nous ne pouvons songer, en effet, à nous astreindre à étudier en détail toutes les armes et à tracer toutes leurs trajectoires. Nous nous contenterons de prendre comme terme intermédiaire de comparaison le fusil m^{le} 1874.

VALEUR COMPARÉE DE LA TENSION DES FUSILS DES DIVERSES PUISSANCES.

Nous avons dit que le fusil autrichien tirant la nouvelle cartouche était très légèrement supérieur au fusil français, d'après le *Manuel*. Par contre, les fusils russe et prussien lui sont légèrement inférieurs. Ainsi, à 600 mètres, les flèches sont de 4^{m},73 pour le français et l'anglais, 4^{m},79 pour le prussien, 4^{m}64 pour l'autrichien, 4^{m},75 pour le russe. C'est bien peu de chose, et les différences de quelques centimètres seulement entre les flèches de ces armes de modèles divers ne sont pas plus grandes que les différences entre les flèches d'armes de même modèle. Que l'on prenne, par exemple, plusieurs exemplaires du fusil m^{le} 1874, fabriqués dans des manufactures différentes; avec les mêmes cartouches, à 600 mètres, les flèches varieront de quelques centimètres en plus ou en moins de 4^{m},73, quand les fusils auront été agrandis par l'usage. Si ensuite

---

[1] On vient de nous donner avis qu'un nouveau modèle de Winchester permet le tir d'une cartouche renforcée contenant une balle de 23 grammes, avec une charge de 5 grammes de poudre.

on fait le tir avec des cartouches ayant quatre ou cinq ans de magasin, les différences de portée et de tension pour les armes du même modèle deviendront beaucoup plus grandes que les différences entre les armes types de modèles différents, tirant des cartouches de fabrication récente. C'est un point important à mettre en lumière.

Le fusil espagnol est un peu inférieur aux précédents, car sa flèche à 600 mètres est de $5^m,02$. Quant à celle du fusil hollandais, elle est encore plus grande ($5^m,17$). Mais ces deux armes pourraient avoir la même portée et la même tension que les armes du groupe précédent. Il suffirait de porter à $5^g,25$ au lieu de 5 grammes la charge du fusil espagnol. Quant au fusil hollandais, il devrait augmenter à la fois le poids de sa charge et de son projectile, et comme l'autrichien tirer une cartouche nouvelle.

Le fusil italien n'est pas autre chose que le fusil suisse Wetterli à chargement simple, avec une petite supériorité de tension sur l'arme à répétition.

En somme :

a. Le fusil anglais Martini donne la plus belle tension, sauf à 200 mètres.

b. Les fusils français, autrichien, russe et prussien sont égaux entre eux. Supérieurs au fusil anglais à 200 mètres, ils marchent de pair jusqu'à 600 mètres et sont légèrement inférieurs de 600 mètres à 1,000 mètres. Cette différence s'accentuerait bien plus à 1,200 mètres et surtout à 1,500 mètres.

c. Les fusils espagnol et hollandais sont un peu inférieurs aux modèles précédents. Le hollandais marque toujours la transition insensible entre les deux fusils du calibre de $10^{mm},5$. Il est légèrement inférieur au fusil italien, et, par contre, très-légèrement supérieur au fusil suisse. A 600 mètres, les flèches de ces trois armes sont de $5^m,14$, $5^m,17$ et $5^m,25$.

d. Le fusil à répétition Wetterli est celui qui vient le dernier comme tension.

La comparaison des trois fusils anglais, français et suisse nous donnera donc une base certaine d'appréciation, et sera très intéressante pour servir à élucider la grave question encore pendante entre les armes à chargement simple et les armes à répétition. Certainement, le jour où l'arme à répétition aura la tension et la portée de la meilleure arme à chargement simple, la question sera jugée en dernier ressort et l'arme à répétition s'imposera fatalement. Mais dans l'état actuel des choses, le Wetterli vaut-il mieux que le Martini, et, par conséquent, que le Gras, le Mauser, le Berdan, etc. ? Les Suisses, si pratiques, ont-ils eu raison de sacrifier les longues portées, qui nécessitent une lourde cartouche, pour s'en tenir aux portées moyennes obtenues par une cartouche légère dans une arme offrant en outre l'avantage d'un magasin chargé à l'avance?

Avant d'aller plus loin, nous allons faire ressortir l'importance de la tension au point de vue de l'efficacité du tir.

IMPORTANCE DE LA TENSION AU POINT DE VUE DE L'EFFICACITÉ DU TIR.

A priori, il est évident que plus une trajectoire sera tendue, plus on pourra diminuer le nombre de ses lignes de mire fixes, et, par suite, les règles de tir, ce qui est une simplification énorme. Une arme qui, pour tirer jusqu'à 400 mètres, n'aurait besoin que de deux lignes de mire fixes, serait très-supérieure à une autre qui en aurait quatre.

Pour bien préciser la valeur de la tension de la trajectoire, comparons au fusil m^le^ 1874 la carabine transformée m^le^ 1867. On sait qu'elle dérive de la carabine à tige m^le^ 1846, passée aujourd'hui à l'état de spécimen curieux bon à mettre dans un musée. Cependant, dès son apparition, cette arme qui, la première de toutes, tirait un projectile allongé jusqu'à 1,000 mètres, révolutionna le monde militaire et scientifique[1].

Nous n'apprendrons rien à nos lecteurs en leur disant que Delvigne est le premier qui ait tiré un projectile allongé dans une arme rayée. Si la portée de cette arme était assez belle et la justesse passable, en revanche la tension de trajectoire laissait beaucoup à désirer.

Transformée une première fois par le rasement de la tige afin de permettre le tir de la balle évidée de 48 grammes (charge 5g,25), ce qui augmenta un peu sa tension, elle fut transformée une deuxième fois au chargement par la culasse en 1867. La vitesse de tir fut augmentée. La justesse resta à peu près la même, mais la portée et la tension y perdirent et redevinrent à peu près ce qu'elles étaient auparavant, c'est-à-dire celles de l'ancienne carabine à tige.

En effet, le cran supérieur de la hausse donnait une portée de 1,000 mètres avec le chargement par la tige et 1,100 avec la balle évidée. Après la transformation, en 1867, ce cran ne donna plus de nouveau qu'une portée de 1,000 mètres.

La hausse pour le tir en deçà de 400 mètres n'avait que trois lignes de mire fixes (150, 250, 350). Mais, pour atteindre un ennemi placé à une distance quelconque plus petite que 375 mètres, le tireur devait connaître sept règles de tir en visant à la tête, à la

---

[1] Voir, pour plus de détails, la brochure de Delvigne intitulée : *Notice sur l'expérimentation et l'adoption des armes rayées à projectiles allongés.* — Paris, 1860, Dumaine.

poitrine, à la ceinture, et, pour pouvoir les appliquer convenablement, il lui fallait apprécier l'éloignement du but à 25 mètres près.

Avec le fusil m^le^ 1874, il n'y a également que trois lignes de mire en deçà de 400 mètres (200, 300, 350), mais il n'y a qu'une seule règle de tir (viser à la ceinture), et il suffit d'apprécier la distance à 100 mètres près. Comme nous le verrons plus loin, la hausse de 350 mètres est même complètement inutile.

Le progrès obtenu est donc des plus considérables, et, pour le tir de guerre, le fusil m^le^ 1874 a une supériorité très-grande sur la carabine m^le^ 1867, même en faisant abstraction de la justesse de tir et du poids des munitions (voir ci-après les tableaux comparatifs).

Pour donner une idée plus nette de la valeur de ce progrès, nous allons faire l'hypothèse suivante :

Supposons deux troupes composées de soldats inexpérimentés. Donnons à une de ces troupes le fusil m^le^ 1874 et à l'autre la carabine m^le^ 1867. Supposons encore que les deux armes aient la même rapidité de tir, ce qui n'est pas difficile à réaliser, car ce n'est qu'une affaire de mécanisme de culasse. Nous pouvons admettre également que les deux armes aient la même justesse, ce qui n'est pas impossible non plus à obtenir dans la pratique, car cela dépend beaucoup de la fabrication et de la construction du projectile et de la qualité de la poudre. Ces deux armes auront donc la même justesse et la même rapidité de tir ; elles ne différeront que par la tension et la portée.

Mettons en présence les deux troupes en tirailleurs à 600 mètres l'une de l'autre, et faisons ouvrir immédiatement le feu. N'oublions pas que les soldats des deux troupes sont inexpérimentés (armée territoriale ou jeunes soldats de la classe de l'année de la déclaration de guerre).

Le feu est ouvert et d'autant mieux nourri que les soldats tirent pour s'étourdir et la plupart du temps sans viser. La troupe armée du fusil m^le^ 1874 tirera certainement en majeure partie avec la hausse naturelle de l'arme, 300 mètres. Nous savons que la portée totale de cette hausse s'étend jusqu'à 600 mètres. Des expériences faites à Calais, avec un régiment de ligne, ont prouvé que cette hausse de 300 mètres balayait tout le terrain jusqu'à 600 mètres. Des expériences de même nature avaient déjà prouvé, avant la guerre de 1870, que le but en blanc naturel du fusil m^le^ 1866 (200 mètres) avait une portée totale de 500 mètres. A cette distance, on avait encore dans un feu à volonté 7,4 p. 100 dans un panneau de 2 mètres de hauteur sur 20 de base. Ces résultats curieux et en apparence anormaux sont dus à la tension de la trajectoire. Les ricochets se relèvent sur un sol résistant, sous un petit angle, et décrivent une trajectoire qui augmente singulièrement la zone dangereuse de la première. En outre, les erreurs de pointage font que les coups qui passent par-dessus le but appartiennent à des trajectoires de 400, 500 et même plus.

Nous pouvons conclure de ce qui précède que vu le grand nombre de coups tirés, la troupe armée du fusil m[le] 1874 balayera le terrain d'une manière assez efficace, de 300 à 600 mètres, avec la hausse de 300 mètres. Si elle s'avance jusqu'à 250 ou 300 mètres de l'ennemi, un simple mouvement du pouce de la main droite rabattant la planche en avant lui permettra de faire usage de la hausse de 200 mètres, qui fournira un tir rasant des plus redoutables. En supposant même que les chefs et les soldats de cette troupe manquent du sang-froid nécessaire pour ordonner et exécuter le changement si simple de la hausse, celle de 300 mètres donnera, à 200 mètres et à 100 mètres, un assez grand nombre de coups touchants, c'est-à-dire tous ceux contenus dans la partie inférieure du double écart probable qui ne dépasse pas la demi-hauteur de l'homme, car la flèche de 300 mètres, prise à 150 mètres, n'est que de $0^m,86$ avec le fusil m[le] 1874. Il faut tenir compte en plus de tous les coups tirés trop bas par la maladresse des hommes.

La troupe adverse, munie de la carabine m[le] 1867, obtiendra-t-elle les mêmes avantages? Malheureusement pour elle, non. A 600 mètres, elle devra employer au moins la hausse de 400 mètres ou 500 mètres, car la hausse du but en blanc naturel, réglée au maximum pour 150 mètres, donnera une portée totale qui atteindra à peine 300 mètres. Elle aura donc un désavantage marqué sur la première, car elle sera obligée de tenir compte de la distance et de placer le curseur au moins à 400 mètres. Si elle avance une fois qu'elle sera parvenue aux distances en deçà de 400 mètres, elle devra changer une deuxième fois de hausse, car les flèches de ses trajectoires étant considérables, un bon nombre de coups passeraient trop haut et seraient perdus. Ainsi, par exemple, si à 200 mètres elle se sert encore de la hausse de 400 mètres, la trajectoire passera à $3^m,23$ au-dessus du point visé, par conséquent à $2^m,40$ au-dessus de la tête de l'ennemi. Par suite, les cônes de dispersion n'atteindront pas l'ennemi et ce tir n'aura plus aucune efficacité. La troupe sera donc forcée, après 400 mètres, de prendre une hausse que nous supposons de 300 mètres. Mais si à 150 mètres elle conserve encore cette hausse de 300 mètres, dont la flèche est de $1^m,62$, son tir sera beaucoup trop haut, et, pour riposter avec avantage, elle sera forcée d'employer la hausse du but en blanc naturel de 150 mètres, dont la flèche est de $0^m,50$. En somme, cette troupe devra apprécier au moins trois distances et changer trois fois sa hausse pour ne pas être dans des conditions écrasantes d'infériorité.

Si elle conserve tout le temps la hausse du but en blanc naturel, les projectiles resteront presque tous à moitié route. Si, au contraire, elle commence le feu avec la hausse de 400 mètres ou de 500 mètres et qu'elle oublie d'en changer à 400 et au-dessous, tous ces coups porteront trop haut et ne produiront aucun effet. Le nombre de coups tirés de part et d'autre sera très grand évidemment. L'efficacité du tir sera faible comparativement, étant donné le peu d'habileté des combattants. Mais si cette maladresse des combattants annule en grande partie la justesse, en revanche elle n'influe en rien sur la tension. La balle suit toujours la trajectoire qui provient de l'angle sous lequel le tireur l'a lancée. Il en résulte le même effet que si l'on faisait varier les hausses, et, en réalité, si à chaque distance du tir l'efficacité diminue, en revanche la zone battue par les balles augmente singulièrement.

Remarquons en passant que nous n'avons pas tenu compte du poids des cartouches des deux armes respectives, car pour un même poids total de 3 kilos, le soldat armé de la carabine m^le 1867 n'aura que 50 coups, tandis que son adversaire, muni du fusil m^le 1874, en portera encore 70. Toutes choses étant égales d'ailleurs, c'est donc une nouvelle cause d'infériorité pour la troupe armée de la carabine.

En définitive, la troupe armée du fusil m^le 1874 aurait un avantage énorme sur la troupe armée de la carabine m^le 1867. Celle-ci aurait beau accélérer son tir, elle produirait plus de bruit et de fumée que d'effet, et au bout de quelque temps elle serait obligée de lâcher pied après avoir perdu une bonne partie de son effectif. On a donc agi sagement en France, après la guerre de 1870-71, en vendant ou en mettant au rebut l'ancien armement m^le 1867, dit à tabatière. Cet armement n'avait pas sa raison d'être après l'adoption du m^le 1866. Si en son lieu et place nous avions eu, en 1870, un million de plus de fusils Chassepot, on n'aurait pas été obligé d'acheter pendant la guerre, à des prix exorbitants, tous les fusils de pacotille disponibles, pendant que les mobilisés perdaient des mois entiers à faire l'exercice avec des bâtons. La perte de la bataille du Mans fut due, en partie, à la défection de la division des mobilisés bretons, armés de mauvais fusils Springfield de gros calibre (chargement par la bouche), dans lesquels ils n'avaient aucune confiance. Le manque d'un armement de réserve ayant la même valeur balistique et tirant la même cartouche que celui de l'armée active a été une des causes multiples qui ont influé puissamment sur l'issue de la lutte.

CHAPITRE II.

Hausses de guerre.

Toutes les armes de guerre modernes ont des hausses graduées jusqu'à 1,000, 1,200 et même 1,500 et 1,800 mètres. Pour utiliser la portée et la précision de son fusil, il ne suffit pas que le fantassin actuel soit simplement adroit au tir. Il faut en plus qu'il sache apprécier aussi exactement que possible la distance de l'ennemi. Cette qualité, connexe de la première, la prime même de beaucoup. Quelle que soit l'adresse du tireur, si l'erreur dans l'appréciation de la distance est trop forte, il n'obtiendra d'autre résultat qu'une consommation de munitions bien peu en rapport avec l'effet produit. Mais il n'entre pas dans le cadre de ce travail d'étudier les moyens employés pour donner au soldat une instruction aussi complète que possible.

Contentons-nous donc d'examiner de quelle manière chaque puissance a résolu le difficile problème de régler le tir depuis la bouche du canon jusqu'à la portée efficace de l'arme. Nous trouverons évidemment des divergences notables dans le mode adopté.

Nous avons étudié, dans *l'Armement de l'infanterie française*, les divers systèmes d'appareils de hausse au point de vue technique et nous n'avons pas à y revenir. Nous supposons que le soldat sait convenablement s'en servir, et, dans tout ce qui suit, nous ne nous occuperons que de la graduation de la hausse au point de vue balistique, abstraction faite du mécanisme.

LIGNES DE MIRE FIXES OU MOBILES.

Quelqu'un qui n'aurait pas une idée exacte des phénomènes psychologiques qui se produisent sur un champ de bataille, et qui ne connaîtrait l'arme de guerre que pour s'en être servi dans un polygone, trouverait probablement tout naturel de munir cette arme d'une hausse à curseur mobile, permettant de mouvoir le curseur à un demi-millimètre près pour régler parfaitement le tir en hauteur. Le premier but en blanc devrait être suffisamment rapproché (100 mètres par exemple), pour que l'on pût considérer la trajectoire comme presque droite, car, à cette distance, les flèches varient seulement de 0,07 à 0,10, suivant les modèles. Une hausse ainsi construite permettrait de faire varier à volonté la hauteur du coup, et, par conséquent, de régler parfaitement la portée suivant la distance. C'est en effet ce qui se passe dans les stands civils.

Une vis de rappel sert dans certaines armes à faire lever ou baisser le curseur d'un dixième de millimètre seulement si c'est nécessaire. On conçoit d'abord aisément que de pareilles installations ne sont pas pratiques pour une arme de guerre. Mais ce n'est pas tout.

La théorie de ce système de hausse est des plus simples en apparence. Il n'y a plus qu'une règle de tir. Elever ou abaisser le cran de mire au-dessus du canon, suivant la distance, jusqu'à ce que vous touchiez le milieu du corps de l'adversaire. Cette théorie, malheureusement spécieuse, a séduit beaucoup de bons esprits en matière de tir, et, pour la combattre, il faut examiner ce qui se passe sur le champ de bataille. Nous ne sommes plus, il est vrai, à l'époque du fusil à pierre, où l'on prétendait que le soldat n'avait pas besoin d'ajuster en ligne et qu'il lui suffisait d'abaisser horizontalement son arme dans la direction de la troupe ennemie. « Le soldat tire généralement droit devant lui et suivant la même inclinaison, » dit le général Roguet. Le peu de précision de l'arme empêchait de donner une instruction sérieuse aux soldats. Il n'était guère possible de songer à développer l'adresse dans le tir avec une arme qui, à 150 et 200 mètres, avait des écarts moyens de 0m,60 et 1 mètre et des écarts extrêmes de 1m,70 et 3m,50. Le meilleur tireur n'était donc pas certain d'atteindre à ces distances, en brûlant un paquet de cartouches, une cible de la grandeur d'un homme.

Les progrès de la balistique nous ont donné des armes qui, à 800 et 1,000 mètres, sont aussi précises que l'ancien fusil de munition à 200 mètres. Le combat en tirailleurs a pris la prépondérance, et la tactique des feux repose presque entièrement sur le bon emploi de l'arme entre les mains du tirailleur.

Il y a donc une différence énorme entre les services que peut rendre sur un champ de bataille un bon tireur calme et de sang-froid, sachant placer le cran de la hausse à la distance exactement appréciée, et un conscrit inexpérimenté qui épaule à peine dans la direction de l'ennemi, sans s'occuper de la distance ni de la hausse, tirant pour s'étourdir et lançant au hasard une grêle de balles. Sans doute, s'il ne devait y avoir jamais au feu que des soldats de cette dernière catégorie, il faudrait supprimer le tir aux grandes distances. L'axiome du général Roguet que le soldat tire généralement droit devant lui et sous la même inclinaison aurait toujours force de loi, et il faudrait arrêter le tir à la limite de la zone dangereuse de la hausse fixe. Dans ce cas il suffirait de régler cette hausse de telle sorte que l'ennemi visé à la ceinture soit infailliblement touché depuis la bouche du canon jusqu'à la portée totale de cette hausse.

Il vaudrait mieux s'exposer, en effet, à l'inconvénient de gaspiller des munitions par le tir à de grandes distances sous des angles insuffisants, que de tomber dans l'excès contraire et de faire manquer l'ennemi aux distances rapprochées par suite d'une élévation trop considérable de la trajectoire. On sait que pour le fusil m[le] 1874 la portée théorique de la trajectoire moyenne serait de 300 mètres environ, avec une flèche moyenne de 0m,50. Pratiquement, par suite de l'enchevêtrement des trajectoires et des ricochets, elle s'étendrait au moins jusqu'à 500 mètres, et à 600 mètres ses effets seraient encore très-redoutables. Nous serions revenus, par la force des choses, à l'ancien temps du fusil lisse. Règle de tir unique : attendre que l'ennemi soit à 400 mètres et diriger sur lui un feu nourri en le visant toujours à la ceinture s'il avance et à la tête s'il recule. A 400 mètres, on était hors de portée anciennement, car à cette distance le fusil lisse n'avait aucune efficacité. Avec les armes modernes, on serait certain au contraire d'avoir un excellent tir, pour peu que les troupes voulussent bien ajuster tant soit peu convenablement. C'est ce qu'ont fait les Russes pour leur fusil transformé Krinck, dont la hausse n'est réglée que jusqu'à 600 pas (426 mètres) pour les quatre compagnies de ligne et jusqu'à 1,200 pas (852 mètres) pour la cinquième compagnie de tirailleurs. Les tacticiens russes avaient jugé sainement, après l'expérience de la guerre de 1870, que le tir aux grandes distances constituait un danger sérieux pour la troupe qui ne savait pas s'en servir. Les Russes sont peut-être allés trop loin dans cette voie, et l'expérience de la guerre de Bulgarie a montré que le fusil de ligne russe aurait dû avoir une graduation minimum de 1,000 à 1,200 pas (710 à 852 mètres) permettant d'utiliser toute la portée efficace.

Doit-on de gaieté de cœur se priver des services que peut rendre un tirailleur bien instruit et ne baser le règlement de la hausse que sur la majorité des maladroits? Nous ne le croyons pas. Il faut évidemment faire entrer en ligne de compte les hommes braves, calmes, bons tireurs et bons appréciateurs. Quelques-uns de ces hommes, bien postés, peuvent rendre des services incalculables et faire, par un tir posé, à eux seuls, plus de mal à l'ennemi que tout le reste de la compagnie tirant à l'aveuglette en se servant mal de la hausse. C'est à ces hommes-là seulement que nous voudrions voir la hausse spéciale de 1,000 à 1,800 mètres. Aux autres, une hausse maximum de 1,000 à 1,200 mètres suffirait largement.

De tout ce qui précède, nous concluons que la hausse doit être réglée de manière que, tout en étant d'un maniement facile pour la *masse* peu instruite, elle puisse cependant utiliser les services du fantassin qui vise réellement et qui estime les distances. C'est pour cela que le système de hausse mobile à partir de 100 mètres n'est pas acceptable, malgré son apparente simplicité. En admettant qu'au début de l'action le tirailleur eût assez de sang-froid pour bien placer sa hausse, il est permis de croire qu'oubliant de la changer au fur et à mesure que la distance de l'ennemi diminuerait, il tirerait toujours de la même manière, ne produisant aucun effet précisément aux faibles distances où il importe que le feu soit décisif. C'est pour ce motif seul que toutes les commissions ont réglé le tir en deçà de la distance de 400 à 500 mètres, au moyen de lignes de mire fixes faciles à trouver et à préparer sans hésitation par un simple mouvement de la planche ou du curseur, et sans s'occuper d'examiner attentivement la graduation de la hausse. On partage ainsi l'espace en avant de 400 à 500 mètres en plusieurs zones efficaces correspondant chacune à une ligne de mire. Le soldat doit simplement se borner à apprécier la zone où se trouve l'ennemi et tirer avec la ligne de mire correspondante.

Examinons quelles sont les conditions auxquelles doit répondre l'agencement de ces lignes de mire. Commençons naturellement par la première, que l'on nomme pour cette raison *but en blanc naturel* de l'arme.

BUT EN BLANC NATUREL. — SA DÉTERMINATION PRATIQUE.

La détermination du but en blanc naturel repose sur le principe suivant, qui ne peut faire l'objet d'aucun doute, « que dans toute l'étendue de sa portée totale l'ennemi doit être atteint de la tête aux pieds. » On a sans doute intérêt à augmenter le plus possible l'étendue de cette portée, et pour cela on a admis que la trajectoire moyenne aurait une flèche maximum de $0^m,50$, de manière que le coup frappe dans le haut de la poitrine un ennemi visé à la ceinture. Mais en faisant ce raisonnement on a complétement perdu de vue la justesse de l'arme, et, par suite, la grandeur des écarts probables et de ses multiples. En effet, la trajectoire moyenne est la trajectoire idéale qui occupe le centre des différentes trajectoires décrites à chaque coup. Si l'arme est juste, le faisceau des trajectoires (que les Allemands nomment le cône de dispersion) sera dense et les coups s'écarteront fort peu de la trajectoire normale. Si, au contraire, l'arme est peu juste, le faisceau sera très peu dense et il y aura successivement des coups longs pouvant passer par-dessus la tête de l'ennemi, et des coups trop courts pouvant frapper le sol.

Le cône total de la dispersion doit-il être tout entier contenu dans la demi-hauteur du but? Ce serait évidemment tomber dans l'exagération, car il est le triple du cône de l'écart probable. Nous contentons-nous seulement de l'écart probable? Non, car ce dernier ne donne qu'une chance sur deux de toucher, et c'est surtout de près qu'il est important de ne pas manquer l'ennemi en hauteur. Le double écart probable nous suffira, car il contient un nombre rond de 94 coups sur 100, soit presque 19 coups sur 20, et cette chance d'atteindre est largement suffisante dans la pratique. Nous posons donc comme principe primordial du premier but en blanc naturel que *sa flèche doit être calculée de manière que la partie supérieure du cône du double écart probable ne sorte pas du corps de l'homme visé à la ceinture.* Nous serons moins exigeant pour la portée totale. Nous la limiterons à la rencontre du sol *par le cône supérieur de l'écart probable,* car la partie inférieure de cet écart frappera presque entre les jambes de l'ennemi et donnera des ricochets meurtriers, tandis que la partie supérieure du double écart sera encore en plein corps.

LIGNES DE MIRE FIXES.

En nous reportant au tableau comparatif de l'armement européen, dans lequel nous avons dessiné les trajectoires moyennes pour une flèche commune de $0^m,50$ et les zones dangereuses correspondantes, nous voyons que ces trajectoires atteindront au plus la portée totale de 300 mètres. Il restera donc à établir, selon la tension, une ou plusieurs lignes de mire fixes permettant le tir à 400 ou 500 mètres. Nous les déterminerons d'après les bases suivantes.

Il ne doit y avoir qu'une seule règle de tir : viser toujours à la ceinture. On serait tenté de croire que l'on pourrait diminuer le nombre de lignes de mire fixes en prescrivant au soldat de viser l'ennemi suivant la distance et la ligne de mire employée, soit aux pieds, aux genoux, au bas-ventre, à la poitrine ou à la tête. Erreur grave, car les règles de tir sont très difficiles à apprendre, et elles sont plus vite oubliées qu'apprises. Sur le champ de bataille, elles ne sont jamais appliquées. Il en est de même de la prescription usitée dans quelques armées de faire viser l'homme tantôt à fin guidon, tantôt à guidon plein, ce qui revient à diminuer ou augmenter la hausse de la hauteur du guidon (2 à 3 millimètres), et ce qui peut faire varier la portée totale d'une centaine de mètres environ. Or, la pratique prouve qu'un homme bien instruit prend en visant plus ou moins de guidon dans le fond du cran, selon le degré de force de sa vue, et l'on doit s'estimer bien heureux s'il s'astreint toujours à viser comme à la cible. Il faut ensuite tenir compte de ce que dans le combat moderne il est surtout recommandé au tirailleur de choisir pour ajuster rapidement le moment où son adversaire se démasque. Son tir doit donc avoir d'autant plus de précision que l'adversaire ne se découvre que pendant peu de temps et souvent en courant. Il faut donc que la hausse étant disposée à l'avance le tirailleur saisisse le moment favorable. et, instinctivement et forcément, il visera le milieu de la partie visible du corps de son adversaire, et ne s'arrêtera pas à réfléchir s'il doit viser à guidon plein ou fin et ajuster à la tête ou aux pieds de l'adversaire pour avoir des chances de l'atteindre. Ainsi donc l'homme ne doit avoir qu'*une règle de tir unique pour viser en campagne.*

Cela posé, la deuxième ligne de mire doit être disposée de manière que tout l'espace compris entre son but en blanc et celui de la première soit efficacement battu, et *qu'à moitié distance des deux on puisse atteindre en employant l'une ou l'autre des deux lignes de mire.* De même pour la troisième ligne de mire, par rapport à la deuxième, et ainsi de suite.

Afin que le soldat ne puisse, sans manquer le but, commettre des erreurs dans l'appréciation des distances, et, par suite, dans l'emploi des diverses lignes de mire, nous demanderons que le terrain entre deux lignes de mire fixes soit simplement battu par l'écart probable, qui, sur un homme seul, donnera, avec une arme précise, une chance minimum de 1 coup sur 2. Le cône du double écart probable compensera en haut les coups tirés avec une hausse trop forte, et les coups trop bas auront encore chance d'atteindre par ricochet.

CRAN DE MIRE ÉVENTUEL.

Il y a à la guerre certaines circonstances dans lesquelles il faut obtenir à très courte portée une très grande précision en même temps qu'une tension de trajectoire qui permette de viser *directement* l'objet à atteindre, si petite que soit sa hauteur. Ainsi, dans la guerre de siége ou de rue, quand il s'agit de tirer à des distances inférieures au but en blanc naturel sur des ennemis ne montrant que la tête derrière un parapet ou une barricade, ou même tirant à travers des créneaux de petite dimension. On comprend que si dans ces cas il fallait employer une règle de tir spéciale et viser à $0^m,40$ ou $0^m,50$ au-dessous du but, il serait la plupart du temps presque impossible de l'atteindre. L'arme de guerre la plus précise ne vaudrait pas alors le plus modeste fusil de chasse Lefaucheux dont le but en blanc, variable de 60 à 70 mètres, donne jusqu'à 100 mètres une trajectoire presque en ligne droite et d'une précision suffisante. Cet inconvénient sérieux s'est fait remarquer la première fois au siége de Rome en 1849.

« Au siége de Rome, nos chasseurs, après avoir montré une habileté très remarquable et obtenu des résultats inespérés, en tirant sur l'artillerie romaine aux distances de 200, 300 mètres et au delà, virent leur adresse mise en défaut en se rapprochant des murailles.

Arrivés aux distances de 50 à 75 mètres, plusieurs d'entre eux, s'apercevant que leurs armes ne produisaient plus d'effet, les échangèrent contre des fusils d'infanterie, avec lesquels ils obtinrent de bien meilleurs résultats. Il est facile d'expliquer ce fait très-bizarre en apparence. Le but en blanc de la carabine des chasseurs est à 150 mètres et le point le plus élevé de la courbe que décrit la balle se trouve à 75 mètres, à cette distance, la balle passe à $0^m,40$ centimètres plus haut que le point ajusté; à 50 mètres, la balle passe à 30 centimètres plus haut que ce point. Si l'on suppose donc qu'aux distances comprises entre 50 et 75 mètres on tire, comme il arrive habituellement à la fin des siéges, non plus sur l'homme tout entier, mais, par exemple, à la tête de l'homme qui se découvre un instant pour tirer, et que l'on ne tienne pas compte de la courbe de la balle, on manquera toujours son coup, en passant par-dessus le but. Or, la première distance du tir d'exercice des chasseurs à pied étant 150 mètres, il n'est pas étonnant qu'ils aient pu ignorer cette circonstance, et ne pas modifier convenablement leur tir à de très petites portées. Dans le fusil de munition, au contraire, la portée du but en blanc est de 100 mètres, mais la trajectoire de la balle est tellement tendue qu'à 50 mètres, son point d'élévation maximum, elle ne passe qu'à 9 centimètres au-dessus de l'objet, et à 75 mètres à 8 centimètres au-dessus. Cette erreur est négligeable, et comme à cette distance la précision du fusil est passable, on comprend, dans ces conditions particulières, sa supériorité d'effet sur la carabine. » (*Des nouvelles armes rayées*, etc. — Léon Marès, Montpellier, 1860.)

De même au siége de Puebla, où l'on se battait de 25 à 50 mètres à peine d'une barricade ou d'une rue à l'autre derrière des créneaux en sacs à terre ou percés dans les murs des maisons, les fusils lisses des Mexicains produisaient plus d'effet que les carabines à balle évidée des corps spéciaux dont le but en blanc était à 170 mètres, avec une flèche de près de $0^m,60$. Aussi dans l'infanterie de marine on avait pris l'habitude d'enlever la planche de hausse et le ressort et de faire viser sans curseur, comme avec un fusil de chasse. Mais comme le but en blanc ainsi obtenu n'était que de 85 à 90 mètres avec une flèche de $0^m,13$ à $0^m,14$, il était assez facile, en deçà de 100 mètres, d'enfiler un créneau d'une hauteur moyenne de $0^m,20$.

C'est pour ce motif que la commission permanente de tir de Vincennes avait proposé en 1865, pour son fusil-type, un cran de mire éventuel qui a été adapté à la hausse du fusil m[le] 1866. Le but en blanc théorique de ce cran était de 125 mètres, mais en réalité, par suite des différences dans la manière dont ce cran était entaillé plus ou moins profondément, il variait de 130 à 150 mètres, avec une flèche de $0^m,15$ à $0^m,20$. Mais, détail étrange, on ne voulut pas apprendre au soldat français l'usage de ce cran de mire ni la règle de tir correspondante. En effet, il n'existe pas dans le règlement de 1869 sur les manœuvres et le tir. Cependant il importe de remarquer que la position du tireur couché, qui n'était qu'une exception avec le fusil rayé se chargeant par la bouche, est devenue pour le tirailleur *la position normale avec le fusil se chargeant par la culasse*. Or, un tirailleur couché, pour peu qu'il se mette, même sur un terrain complétement découvert, derrière une motte de gazon ou dans une dépression insignifiante de terrain, ne montre guère que la partie supérieure de sa poitrine et sa tête, soit un but d'une hauteur maximum de $0^m,30$ à $0^m,35$. Par conséquent, avec un but en blanc naturel dont la flèche serait de $0^m,50$, même en tirant au ras du sol, il sera difficile d'atteindre l'ennemi, qui n'aura guère à redouter que la partie inférieure du cône du double écart probable. Il faudrait dans ce cas habituer l'homme à tirer sur le sol en avant de l'ennemi. On sortirait par là de la règle de tir simple et pratique de viser toujours le milieu du but. Un fait dont nous avons été témoin pendant la dernière guerre nous a prouvé l'indispensable nécessité d'un cran éventuel pour le tir en deçà du but en blanc naturel sur une ligne de tirailleurs.

Placé avec ma compagnie (14e du 1er régiment d'infanterie de marine), en grand'garde à l'extrémité droite du village de Bazeilles, je fus attaqué au petit jour (1er septembre 1870) par une chaîne compacte de tirailleurs bavarois presque coude à coude. Je fis immédiatement coucher mes hommes à plat ventre dans le champ de pommes de terre où nous étions, et tirer sur les Bavarois avec le cran éventuel de 125 mètres. Le feu était très nourri de part et d'autre. Une grêle de balles pleuvait autour de nous, coupant les fleurs des pommes de terre, qui sans nous abriter nous masquaient à la vue, mais sans autre résultat qu'un homme atteint d'un projectile à la partie supérieure du crâne et deux autres dans les épaules. Au bout de quelques minutes les Bavarois s'enfuirent précipitamment, laissant sur la place au moins 40 morts ou blessés grièvement.

Ayant mesuré au pas la distance qui nous séparait, je la trouvai environ de 115 mètres. Cherchant à me rendre compte du peu d'efficacité du tir ennemi à une aussi faible distance, je ramassai un des fusils et je vis que le premier but en blanc naturel était réglé à 300 pas bavarois de $0^m,73$, ce qui équivaut à 220 mètres environ. L'arme, du calibre de 14 millimètres (fusil Podevils), lançant un projectile de 30 grammes avec une charge de $4^g,37$, la flèche de la trajectoire devait être à peu près de $0^m,70$, à la distance où nous combattions.

Il aurait donc fallu, avec cette hausse, viser à quelques mètres en avant d'un homme couché, placé à 115 mètres du tireur, pour pouvoir l'atteindre avec certitude. De notre côté, au contraire, nos hommes tirant à 115 mètres avec la hausse de 125 mètres, avaient un tir rasant, presque en ligne droite. Si l'on réfléchit que dans le tir à une distance aussi rapprochée le soldat, même le mieux trempé au moral, n'est préoccupé que de l'idée fixe de tirer le plus vite possible, et qu'à peine son arme à l'épaule dans la direction de l'ennemi, il lâche son coup en visant à plein guidon, on se convaincra de plus en plus de l'importance énorme d'un cran éventuel. Quelques citations à l'appui de notre opinion ne paraissent pas inopportunes.

« Quiconque a fait la guerre et observé les événements du combat sait qu'on commence à courir les dangers de la fusillade à 300 pas de l'ennemi. Ils vont croissant jusqu'à 100 ou 150 pas (75 à 100 mètres). Ils décroissent alors et sont peu de chose quand on est près de l'aborder. Cela se conçoit aisément : l'approche des assaillants ébranle le moral, on se presse de charger et de tirer, et l'on ajuste d'autant plus mal que l'on est plus près. » (Maréchal Bugeaud, *Aperçus sur quelques détails de la guerre.*)

Ces paroles du maréchal sont encore plus vraies avec l'arme moderne qu'avec l'ancienne. Toute troupe qui n'arrêtera pas l'assaillant à 100 mètres au plus est une troupe perdue, pour ne pas employer une expression plus énergique. A cette distance, le feu de l'un des deux combattants acquiert forcément la prépondérance, et malheur à celle des deux troupes qui lâchera pied la première ! car, poursuivie par une fusillade d'autant mieux ajustée que le vainqueur n'aura plus rien à craindre, elle sera presque totalement exterminée.

Citons encore l'opinion d'un auteur allemand dont on ne peut nier la compétence : « Le soldat français sait, en partie par expérience personnelle, que le danger d'être atteint par les coups de fusil n'est très grand qu'à certaines distances moyennes. Si l'on dépasse ces distances, le danger, au lieu d'augmenter, diminue à mesure qu'on se rapproche de l'ennemi, et finit par cesser presque tout à fait. Avec les fusils ordinaires, cette expérience était infaillible, et elle paraît se confirmer même avec les fusils rayés. Le fait s'explique naturellement : plus l'ennemi s'approche, plus on se hâte de charger et de tirer, et plus mal on vise. A peine appuie-t-on le fusil à l'épaule que le coup est lâché presque toujours trop haut. » (Prince Frédéric-Charles, *l'Art de combattre l'armée française.*)

Qu'on ne vienne pas nous dire que, par des exercices répétés, on obtiendra du soldat qu'en deçà du but en blanc il s'astreigne à viser au-dessous ou en avant du but. En effet, la difficulté dans l'appréciation du point qu'il faut viser provient surtout de ce que ce point varie singulièrement, selon que le terrain monte ou descend vers le tireur et qu'il est uni ou accidenté.

Les Allemands ont fait des expériences de tir avec des tireurs *très exercés*. « Une cible circulaire de 0m30 de diamètre était fixée à 150 mètres dans le talus de la butte, par un support en bois dont la hauteur était telle qu'en visant le pied, le coup portait directement dans le centre de la cible. En trois coups les tireurs arrivaient facilement à toucher trois fois la cible. Mais quand la cible fut placée directement sur le sol, l'appréciation de la quantité dont il fallait viser au-dessus du but ne fut plus aussi commode, de sorte que, pour les mêmes tireurs, il fallut jusqu'à huit coups pour mettre les trois coups dans la cible, bien qu'ils fussent avertis après chaque coup du résultat obtenu. » (*Revue militaire de l'Etranger.*)

Si au polygone il est déjà difficile de viser en avant du but, en ne voyant qu'un peu de guidon dans le cran de mire, ce sera encore pis en campagne. Non-seulement le soldat ne cherchera pas à viser au-dessous, mais s'il vise il découvrira tout le guidon, et s'il épaule sans viser il découvrira le bout du canon.

Les citations qui précèdent ayant élucidé la question, il ne reste plus qu'à en déduire les conditions auxquelles doit satisfaire le cran de mire éventuel pour être d'un bon service en guerre. Elles ne sont que la conséquence logique de tout ce qu'on vient de lire.

Le cran de mire doit être réglé de telle sorte :

1° Que pendant toute sa portée totale, la trajectoire rasante doit permettre de toucher infailliblement un ennemi embusqué à plat ventre en le visant au milieu de la partie visible (haut de la poitrine), c'est-à-dire que la somme de sa flèche et de l'abaissement augmenté du double écart probable ne doit pas dépasser 0m40;

2° Qu'à la limite de la portée totale du cran de mire éventuel on puisse avec certitude se servir du but en blanc naturel sans changer la règle de tir de viser toujours le centre.

LIGNES DE MIRE MOBILES.

Au delà de 400 mètres on admet que le soldat a le temps et le sang-froid de lire les graduations de la hausse et de la placer à la distance estimée. Dans la hausse circulaire suisse, graduée de 100 mètres en 100 mètres, un simple trait entre les graduations permet de placer le curseur de 50 en 50 mètres. La hausse circulaire italienne n'est graduée que de 100 en 100 mètres. Dans la plupart des hausses à planche, le côté gauche de la graduation est disposé en yards, en pas ou en mètres, de 100 en 100; c'est-à-dire qu'en réduisant toutes les mesures en mètres, dans la hausse russe la distance entre deux graduations vaut 71 mètres, dans la hausse autrichienne 75 mètres, dans la hausse hollandaise 75 mètres, dans la hausse anglaise 92 mètres et dans les hausses française et prussienne 100 mètres.

Il est facile de placer le curseur au quart de la distance entre deux graduations, et dans la hausse de notre fusil m[le] 1874 on a poussé la précaution jusqu'à marquer par des traits et des points ces subdivisions de la graduation. En définitive, le soldat peut, dans tous les modèles de hausse à planche, placer le curseur à des distances variant entre 18 et 25 mètres, dans la hausse suisse à 50 mètres et dans la hausse italienne à 100 mètres près. Cette dernière graduation est suffisante en campagne, comme le prouvera le tableau des zones dangereuses. Mais elle est insuffisante dans un siége où le tir a lieu à une distance que l'on peut très exactement connaître. La hausse suisse graduée de 50 en 50 mètres après 400 mètres offre cet inconvénient à un moindre degré. Quant aux autres hausses, la graduation après 400 mètres répond à tous les besoins possibles.

Dans la comparaison que nous allons faire, nous calculerons les zones dangereuses des lignes de mire fixes et du cran éventuel tels qu'ils sont établis, c'est-à-dire en yards pour le fusil anglais et en mètres pour les fusils français et suisse. Mais ensuite, pour les lignes de mire mobiles, nous ne ferons varier les distances que de 100 en 100 mètres près pour toutes les armes, ce qui n'offre rien d'anormal, puisque le soldat peut, à son choix, placer le curseur à des distances plus faibles. Nous prendrons les distances de 500, 600, 700, 800, 900 et 1,000 mètres pour les lignes de mire des trois modèles.

Avant d'aller plus loin, il est indispensable d'étudier la justesse des trois armes et de développer les considérations sur lesquelles nous allons nous appuyer pour déterminer les zones dangereuses.

CHAPITRE III.

Justesse.

Nous ne reviendrons pas sur ce que nous avons déjà dit dans *l'Armement de l'infanterie française* sur l'avantage important que donne la connaissance de l'écart probable et de ses sous-multiples. Nous allons l'employer exclusivement pour la détermination des zones dangereuses et des pour cent sur des buts de diverses natures.

Tous nos lecteurs savent que le cercle de l'écart probable contenant 50 p. 100 des coups tirés, le cercle du double écart en contient 94, et, par conséquent, la zone annulaire entre les deux circonférences 44.

Si, à chaque distance de tir, on porte au-dessus ou au-dessous de la trajectoire moyenne la valeur des deux écarts en les joignant, on obtient un double faisceau de forme conique, très resserré aux petites distances, qui va ensuite en s'élargissant de plus en plus.

JUSTESSE DU FUSIL M^le 1874, DU FUSIL ANGLAIS ET DU FUSIL SUISSE.

Nous avons déjà donné la justesse du fusil m^le 1874 dans *l'Armement de l'infanterie française* et déterminé sa courbe de justesse.

Depuis, nous avons trouvé, dans divers ouvrages, d'autres renseignements sur la justesse du fusil m^le 1874, et notamment dans le *Cours de tir* de M. le capitaine d'artillerie Bert, qui donne : 1° la justesse du fusil m^le 1874 en écarts géométriques; 2° en écarts absolus moyens. Comme, en réalité, la justesse pratique d'une arme consiste dans la moyenne des résultats obtenus, en faisant varier le milieu, le tireur et les circonstances de tir, nous avons pris la moyenne des résultats obtenus, en transformant, bien entendu, les écarts géométriques et absolus moyens en écarts probables.

La courbe ainsi obtenue est très régulière et ne nécessite que des corrections insignifiantes, de 2 à 3 centimètres au plus, à 200, 300 et 400 mètres. Pour le fusil anglais, nous accepterons comme dignes de foi les renseignements donnés précédemment, qui proviennent des travaux de commissions de tir anglaises. Il en sera de même pour le fusil suisse. Cependant, comme pour celui-ci nous n'avons pas la justesse à 1,000 mètres, nous la déduirons de la courbe des écarts probables, prolongée depuis 900 jusqu'à 1,000 mètres.

On pourra considérer comme exact le nombre ainsi trouvé, qui différera peu de celui que donnerait l'expérimentation directe.

Tableau des écarts probables.

ARMES.	DISTANCES :									
	100	200	300	400	500	600	700	800	900	1000
Fusil anglais Martini....	0,6	0,11	0,17	0,25	0,32	0,41	0,51	0,63	0,78	0,95
Fusil français m^le 1874..	0,8	0,16	0,27	0,34	0,41	0,52	0,65	0,82	0,96	1,24
Fusil suisse Wetterli.....	0,7	0,11	0,22	0,33	0,46	0,61	0,78	0,97	1,23	1,52

Observations générales. — Le fusil anglais est le plus juste à toutes les distances. Il doit cet avantage à sa balle lourde et massive (31 grammes).

Le fusil français est moins juste que le fusil anglais, mais sa justesse est très convenable. Il est à remarquer que ses écarts probables sont, à deux ou trois centimètres près, ceux du fusil Martini-Henry, à 100 mètres plus loin.

Ainsi, par exemple, à 300 mètres, le fusil français a un écart de $0^m,24$, et, à 400 mètres, l'écart du fusil anglais est de $0^m,25$. A 600 et à 700 mètres, les écarts sont respectivement de $0^m,52$ et $0^m,51$; à 900 et à 1,000 mètres, de $0^m,96$ et $0^m,95$.

Quant au fusil suisse, il se fait remarquer par une justesse supérieure à celle du fusil français jusqu'à 300 mètres; à 400 mètres, elle est égale, et ce n'est qu'à partir de 500 mètres que le fusil français est inférieur au fusil suisse. A 800 mètres, la justesse du fusil suisse est celle du fusil français à 900 et celle du fusil anglais à 1,000 mètres; à 900, celle du fusil français à 1,000 mètres. A cette distance de 1,000 mètres, la justesse est encore suffisante, mais il est probable que c'est la limite extrême du tir de l'arme suisse. Il y a tout lieu de croire qu'à 1,200 mètres elle donnerait un tir qui serait à peine acceptable, le faible poids de son projectile (20 grammes) le rendant trop facile à dévier par les influences atmosphériques.

Mode d'emploi de l'écart probable. — Sur une cible circulaire dont le diamètre serait le double écart probable, l'arme mettrait 94 p. 100 des coups, soit à peu près 19 coups sur 20. Cette probabilité de tir est largement suffisante, et un tireur ordinaire manquera, sur 20 coups, plus d'une fois la cible par sa faute. Le triple écart probable nous est donc inutile, puisqu'il ne donnerait que 1 coup de plus sur 20. En revanche, il aurait l'inconvénient de compliquer les tracés géométriques. Si nous voulons maintenant apprécier très exactement les pour cent que l'on peut obtenir dans des cibles circulaires de rayons variables, il suffit de consulter la table des valeurs des pour cent en fonction du rapport du rayon de la cible avec l'écart probable.

Cette table a été donnée précédemment et se trouve d'ailleurs dans la plupart des traités de tir.

Si le tir a lieu sur des cibles carrées, on peut les assimiler à des cibles circulaires de même surface.

Sur des cibles rectangulaires, une figure graphique et la comparaison des parties de la cible atteintes par les multiples et les sous-multiples de l'écart probable, permettra d'obtenir les pour cent cherchés.

En partant de ces données, on les appliquera au tir sur les buts qui se présentent le plus souvent en campagne, c'est-à-dire :

1° Un tirailleur isolé, debout, à genou ou couché;

2° Une escouade déployée sur un rang ou une demi-section sur deux rangs : *a* debout, *b* à genou, *c* couché, présentant une base de 8 à 10 mètres;

3° Une section déployée sur deux rangs (50 hommes) : *a* debout, *b* à genou, dont la base est de 15 mètres ;

4° Un peloton déployé sur deux rangs : *a* debout, *b* à genou (base de 30 mètres) ;

5° Une compagnie marchant par le flanc sur quatre rangs, la plus exiguë des formations à deux rangs serrés, donne une base de 4 mètres ;

6° Une compagnie déployée sur deux rangs : *a* debout, *b* à genou (base de 60 mètres).

Nous admettons que les hommes occupent dans le rang $0^m,70$, s'ils ont entre eux un petit intervalle de $0^m,10$ à $0^m,12$.

Les pour cent sur les formations debout et à genou sont calculés jusqu'à 1,000 mètres, et sur les formations dans la position couchée jusqu'à 600 mètres, ainsi que sur des tirailleurs isolés, quelle que soit leur position.

Sans doute, en campagne, on ne peut espérer obtenir un effet utile considérable, à cette distance, sur des tirailleurs isolés et même sur une ligne de tirailleurs couchés ; mais il faut tenir compte du tir de siége, où la distance est connue à l'avance, ce qui permet au tirailleur embusqué de tirer parti de toute la valeur de son arme. Nous obtenons ainsi trois tableaux de pour cent, calculés, en nombres ronds, à 1 p. 100 près, ce qui est suffisant pour notre comparaison.

Pour cent du fusil modèle 1874.

DISTANCES.	Un tirailleur couché.	Un tirailleur à genou.	Un tirailleur debout.	Une escouade déployée sur un rang et couchée.	Une escouade sur un rang ou une demi-section à genou.	Une escouade déployée sur un rang ou une demi-section déployée sur deux rangs et debout.	Une section déployée, un peloton ou une compagnie à genou.	Une troupe marchant par le flanc sur quatre rangs.	Une section debout sur deux rangs.	Un peloton déployé ou une compagnie déployée debout.
100 mètres	95	100	100	100	100	100	100	100	100	100
200 —	71	84	84	90	100	100	100	100	100	100
300 —	47	64	69	78	100	100	100	100	100	100
400 —	23	41	52	65	90	100	90	100	100	100
500 —	»	29	38	51	82	95	82	95	95	95
600 —	»	16	22	36	73	86	73	86	86	86
700 —	»	»	»	»	63	78	63	78	78	78
800 —	»	»	»	»	52	67	52	67	67	67
900 —	»	»	»	»	44	56	41	51	56	56
1000 —	»	»	»	»	30	45	30	38	45	45
1100 —	»	»	»	»	20	32	21	27	32	32
1200 —	»	»	»	»	11	18	12	15	20	20

Pour cent du fusil anglais.

DISTANCES		Un tirailleur couché.	Un tirailleur à genou.	Un tirailleur debout.	Une escouade déployée sur un rang et couchée.	Une escouade sur un rang ou une demi-section à genou.	Une escouade déployée sur un rang ou une demi-section déployée sur deux rangs et debout.	Une section déployée, un peloton ou une compagnie à genou.	Une troupe marchant par le flanc sur quatre rangs.	Une section debout sur deux rangs.	Un peloton déployé ou une compagnie déployée debout.
Lignes de mire fixes.	100 yards (92 mètres).....	100	100	100	100	100	100	100	100	100	100
	200 — (184 —).....	90	93	95	92	100	100	100	100	100	100
	300 — (276 —).....	78	84	88	80	100	100	100	100	100	100
	400 — (386 —).....	53	69	76	72	100	100	100	100	100	100
Lignes de mire mobiles.	500 mètres.............	26	40	54	64	94	100	94	100	100	100
	600 —	»	30	30	53	83	96	83	96	96	96
	700 —	»	»	»	»	74	87	74	87	87	87
	800 —	»	»	»	»	64	79	64	79	79	79
	900 —	»	»	»	»	53	68	53	68	68	68
	1000 —	»	»	»	»	42	56	42	52	56	56

Pour cent du fusil suisse.

DISTANCES.	Un tirailleur couché.	Un tirailleur à genou.	Un tirailleur debout.	Une escouade déployée sur un rang et couchée.	Une escouade sur un rang ou une demi-section à genou.	Une escouade déployée sur un rang ou une demi-section déployée sur deux rangs et debout.	Une section déployée ou une compagnie à genou.	Une troupe marchant par le flanc sur quatre rangs.	Une section debout sur deux rangs.	Un peloton déployé ou une compagnie déployée debout.
100 mètres....................	100	100	100	100	100	100	100	100	100	100
200 —	74	86	86	91	100	100	100	100	100	100
300 —	49	63	74	79	100	100	100	100	100	100
400 —	25	42	52	65	90	100	90	100	100	100
500 —	»	25	35	46	78	91	78	91	91	91
600 —	»	13	20	31	69	82	69	82	82	82
700 —	»	»	»	»	59	73	59	73	73	73
800 —	»	»	»	»	48	63	48	59	63	63
900 —	»	»	»	»	37	52	37	43	52	52
1000 —	»	»	»	»	24	38	24	28	38	38

Examen des tableaux des pour cent. — Aux faibles distances (100 mètres et 100 yards), la justesse est uniforme pour tous les buts et de 100 p. 100, sauf pour le fusil français, qui ne donne que 95 pour le tirailleur isolé couché.

A 200 mètres, la différence de justesse des armes commence à se faire sentir, et les pour cent de chaque arme dépendant de la grandeur de ses écarts probables, nous voyons de suite le fusil anglais prendre le premier rang, qu'il gardera jusqu'à 1,000 mètres. Il donne les pour cent les plus forts, quelle que soit la nature du but.

Le fusil suisse marche après le fusil anglais à 200 et à 300 mètres. A 400 mètres, il est atteint par le fusil français, qui le dépasse à 500 mètres et conserve sa supériorité sur lui jusqu'à 1,000 mètres.

Avec ces trois armes, les pour cent diminuent progressivement avec la distance, et si l'on traçait la courbe des pour cent, elle serait aussi régulière que celle des écarts probables.

Mais il est à remarquer que cette diminution progressive de la valeur des pour cent est pour ainsi dire en raison directe de la surface du but et de la grandeur de l'écart probable. Expliquons-nous plus simplement. Sur les buts larges et élevés (section, peloton ou compagnie debout), les pour cent diminuent lentement, puisqu'ils sont de 100 p. 100 pour les trois armes jusqu'à 400 mètres, et jusqu'à 1,000 mètres ils sont encore de 53 pour le fusil anglais, 44 pour le fusil français, 38 pour le fusil suisse.

Sur le tirailleur isolé couché, l'arme la plus juste conserve des chances plus grandes d'atteindre, et les pour cent du fusil anglais diminuent bien moins rapidement que ceux du français. Aussi à 300 yards (276 mètres), il atteint le but 78 fois tandis que le fusil français ne donne que 71. A 400 mètres, le fusil français donne à peu près le même résultat que l'anglais à 500 mètres (24 et 26). Le fusil suisse donne des résultats un peu plus forts que ceux du fusil français jusqu'à 400 mètres.

La distance de 500 mètres pour le fusil anglais et de 400 mètres pour les autres paraît la limite supérieure du tir sur des hommes isolés couchés. On peut faire des remarques analogues pour le tir sur les tirailleurs isolés à genou ou debout avec les armes française et suisse. Sur les hommes debout, le tir est limité à 600 mètres avec le fusil anglais. A cette distance on obtient des résultats bien supérieurs à ceux que donne le fusil suisse. Avec le fusil français la différence est aussi très forte.

On voit donc que le fusil anglais pour le tir sur des buts étroits a une très grande supériorité sur les deux autres armes. Cette supériorité se fait bien moins sentir au fur et à mesure que les formations groupées augmentent en largeur et hauteur. Très sensible sur l'escouade couchée, elle l'est moins sur la section à genou et encore moins sur la section debout. Pour ces trois formations, le tir à 1,000 mètres du fusil anglais vaut le tir à 900 du fusil français et le tir à 800 du suisse.

Sur une compagnie déployée debout, les pour cent obtenus par les trois armes sont très remarquables : jusqu'à 800 mètres, le fusil Wetterli donne des résultats qui ne sont pas trop inférieurs ; mais à 1,000 mètres, il perd beaucoup et ne donne plus que 38 p. 100 contre 45 pour le fusil français et 56 pour le fusil anglais.

Quelle que soit l'arme employée, un fait digne d'être remarqué ressort également de l'inspection des trois tableaux. Le tir sur une escouade à genou donne les mêmes résultats que sur une section, un peloton ou une compagnie à genou. Ce même fait se reproduit pour l'escouade, la section, le peloton ou la compagnie debout. En définitive, en laissant de côté le tir particulier d'une escouade couchée, on aurait donc autant de chances d'atteindre une escouade à toutes les distances de tir qu'une section, un peloton ou une compagnie dans les deux positions du tireur debout ou à genou.

Ce fait, en apparence anormal, provient de ce que la hauteur de l'homme étant la même quel que soit le faible groupement adopté, la base du plus faible but, l'escouade, a une largeur suffisante (8 mètres) pour contenir le double écart probable, de telle sorte que, même à 1,000 mètres, le fusil suisse n'ayant qu'un écart probable de $1^m,52$, le diamètre du cercle décrit avec le double écart probable sera seulement de 6 mètres 08.

A partir d'une distance variable pour chaque arme (fusil suisse 800 mètres, français 900, anglais 1,000), les résultats sont plus faibles dans le tir sur un peloton marchant par le flanc sur quatre rangs que pour toutes les autres formations à rangs serrés. Il est facile d'en comprendre le motif. Le peloton marchant par le flanc ayant une base de 4 mètres, lorsque le double écart probable dépasse 2 mètres, ce peloton est manqué à la fois en largeur et en hauteur.

Cependant constatons que, même à 1,000 mètres, la différence n'est pas considérable. Elle n'est que de 4 p. 100 avec le fusil anglais, 7 p. 100 avec le français et 9 p. 100 avec le suisse.

En somme, les tableaux nous prouvent clairement que les résultats obtenus avec l'arme la plus juste ne se font sentir que sur des petits buts, que cette différence est moins sensible sur les formations groupées, et que jusqu'à 1,000 mètres les trois armes donnent à un fort tireur une plus grande certitude d'atteindre la plus petite formation à rangs serrés, qu'à 500 mètres les tirailleurs isolés marchant en chaîne.

CHAPITRE IV.

Tracé des trajectoires pratiques des trois armes.

Le *Manuel* donne dans le 5e tableau les ordonnées de toutes les trajectoires du fusil mle 1874 de 200 à 1,800 mètres. Ce tableau nous a servi pour tracer les trajectoires de 200 à 1,000 mètres, puisque la comparaison s'arrête à cette distance. Quant aux fusils suisse et anglais, nous n'avons d'autres données que celles du 18e tableau, calculé comme le 5e par une température de 20° et une hauteur barométrique moyenne de 760 millimètres.

Ce sont les flèches de 100 à 1,000 mètres inscrites dans ce tableau qui vont nous servir à tracer toutes les trajectoires.

Dans le vide les flèches sont le quart de l'abaissement de la trajectoire au point de chute. Il serait donc aisé de calculer ces abaissements et de construire avec leur aide les trajectoires par le procédé indiqué dans tous les cours de tir.

Mais dans l'air les flèches ne sont plus égales au quart de l'abaissement, surtout aux grandes distances.

La valeur de l'abaissement est une fonction du poids du projectile et de sa vitesse initiale pour un même calibre, et *à fortiori* quand les deux calibres diffèrent.

Ce procédé serait donc fort peu exact, et nous préférons en employer un autre plus expéditif, plus précis, que cependant nous n'avons encore vu dans aucun ouvrage de tir. A ce titre, on nous permettra de le décrire avec quelques détails.

Comme les flèches ne sont données que de 100 en 100 mètres, on en trace la courbe le plus régulièrement possible et on détermine les flèches intercalaires de 150, 250, etc. Cela fait, on trace avec la plus grande régularité la trajectoire de 200 mètres, à l'aide des flèches des distances de 50 mètres, 100 mètres, 150 mètres et d'une épure d'une construction fort simple, en s'appuyant sur ce principe qu'une oblique partant du même point qu'une perpendiculaire lui est *presque égale* quand la base du triangle rectangle ainsi déterminé est très petite. La plus grande erreur ainsi commise est celle de l'oblique qui joint le point culminant de la trajectoire de 200 mètres au point O et que l'on considère égale à la demi-distance du but. L'erreur est au plus d'un centimètre sur 100 mètres, et par conséquent insignifiante. Voici la manière d'opérer :

On porte sur une horizontale les distances 50, 100, 150 et 200 à l'échelle choisie. A la distance 100, on élève une perpendiculaire de la hauteur de la flèche de 200 mètres. Le sommet de cette perpendiculaire appartient donc à la trajectoire de 200. On joint le point A au point O. Si l'on suppose, comme nous l'avons dit, que O A vaut 100, il suffit alors de placer une équerre au point B égal à un demi O A et de déterminer le point B' en faisant B B' égal à la flèche de 100 mètres. Le point B' fait évidemment partie de la trajectoire de 200 mètres. On trace la courbe O B' A à l'aide d'une règle pliante. On obtient ensuite le point C à l'aide de la flèche de 150 mètres. Cela fait, on achève la courbe par les trois points A, C et 200 mètres.

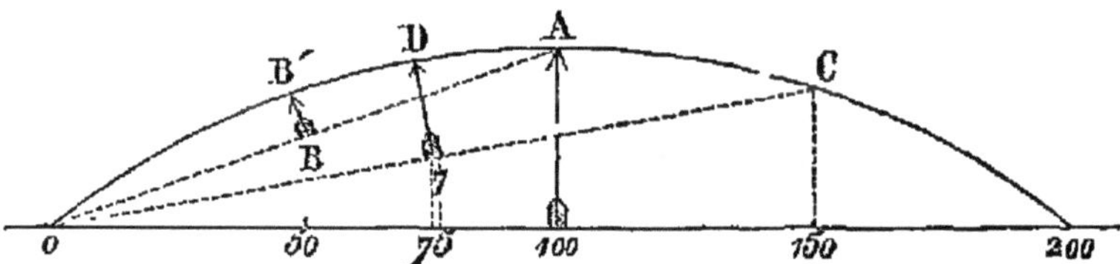

La trajectoire de 200 mètres est donc ainsi déterminée avec beaucoup de régularité à l'aide des flèches de 100, 150 et 200 mètres. On se sert de cette trajectoire pour déterminer ensuite celle de 250 mètres dont on connaît la flèche. De la trajectoire de 250 mètres on passe successivement à celles de 300, 350, etc., en employant toujours la trajectoire déterminée antérieurement.

La trajectoire finale de 1,000 mètres jouit, par suite, de la propriété précieuse de retrouver, dans les trajectoires partielles qui ont servi successivement à la déterminer, les flèches exactes telles qu'elles sont dans le Manuel, ce qui nous permet de garantir la justesse de cette trajectoire. Les procédés graphiques employés dans les commissions ne donnent pas tous ce résultat.

Dans cette méthode, la plus grande erreur est donnée à 1,000 mètres par l'oblique qui, partant du sommet de la flèche, rencontre le point O, et que l'on suppose égale à 500 mètres, demi-distance du but. En réalité, d'après le calcul, elle sera de 500^{m},40, en supposant une flèche de 20 mètres; mais, à l'échelle de $\frac{1}{1.000}$, qui est celle que nous adoptons pour les distances, cette différence de

$0^m,40$ entre les deux distances est égale graphiquement à 4/10 de millimètre, erreur si petite qu'on ne peut pas en tenir compte, quand même on le voudrait, parce que, sur une ligne d'un mètre, un dessinateur habile ne peut pas répondre d'une semblable erreur.

Il y a toujours une déformation de la trajectoire provenant de l'emploi de deux échelles différentes pour les hauteurs et les distances, mais il en est de même pour tous les tracés graphiques de trajectoires, quelle que soit la méthode employée.

Les trajectoires moyennes étant toutes déterminées, avec le tableau des écarts, il nous est maintenant facile de tracer les trajectoires pratiques, qui ne sont pas autre chose que les trajectoires moyennes enveloppées des gerbes conoïdes des deux écarts.

Il est inutile de tenir compte de la gerbe extérieure du triple écart probable, car elle ne contient que 6 p. 100 des coups. Elle ne servirait qu'à compliquer inutilement le dessin sans offrir d'avantages bien positifs.

Les gerbes des écarts probables simples et doubles nous suffisent amplement, car elles contiennent 94 p. 100 des coups, soit 19 coups sur 20 en nombre rond. Cette probabilité d'atteindre est plus que suffisante dans la pratique, nous l'avons déjà dit et nous n'y reviendrons plus.

Par un simple tracé graphique, nous allons obtenir les longueurs des zones dangereuses, en nous appuyant sur la construction suivante :

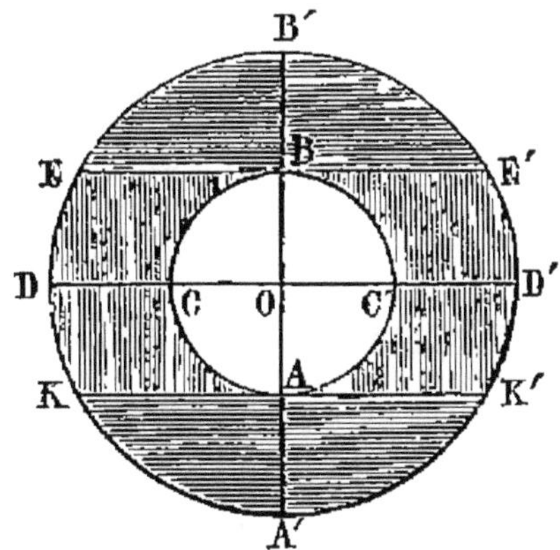

Traçons les cercles des écarts. Puisqu'il y a 94 coups sur 100 dans le cercle du double écart A′B′ et 50 p. 100 dans le cercle de l'écart simple AB, il y aura donc 94 moins 50 ou 44 coups dans la zone annulaire complète entre les deux cercles.

Par les points B et A menons deux tangentes aux cercles de

l'écart probable, perpendiculaires au diamètre A'B'. Nous avons ainsi décomposé cette zone annulaire en quatre parties : deux segments EB'E' et KA'K' et deux parties que nous appelons bandes latérales ABEK et ABE'K'.

Or, si l'on calcule, d'une part, la surface des deux segments, et, d'autre part, celle des deux bandes latérales, nous trouvons qu'elles sont presque égales entre elles à peu de chose près. Nous pouvons donc admettre sans trop d'erreurs dans la pratique que les 44 coups qui frappent dans la zone annulaire se répartiront à peu près uniformément, de telle sorte qu'il y en aura 11 dans chaque segment ou bande.

Si nous menons le diamètre commun DD'CC' parallèle aux deux tangentes, il nous suffira de remarquer encore que chaque demi-circonférence contient $\frac{94}{2}$ ou 47 coups, et les bandes centrales D'O'DEBE' et DOD'KAK' 47 coups moins 11, soit 36 coups.

Avec ce simple procédé graphique, qui nous donne des résultats d'une approximation très-suffisante dans la pratique, nous pourrons maintenant aborder la question de la détermination des zones dangereuses réelles.

Prenons une trajectoire théorique ou moyenne quelconque, celle de 300 mètres par exemple. A cette distance, faisons-la passer exactement par le centre du but (homme debout de $1^m,60$ de hauteur). Ce point O reste donc exactement à $0^m,80$ du sol. Prolongeons la trajectoire jusqu'en O' à sa rencontre avec le terrain.

Tout le monde sait qu'en menant une parallèle à $1^m,60$ du sol, son point de rencontre O'' avec la trajectoire sera la limite supérieure de la zone dangereuse théorique, qui s'étend par conséquent de O' à O''.

C'est fort simple, mais cela n'est pas exact du tout, et c'est ce qu'il nous sera facile de démontrer.

Traçons les gerbes enveloppes des deux écarts et prolongeons-les jusqu'à leur rencontre avec le sol.

La partie supérieure de la gerbe du double écart rencontre le terrain en B'. Tant que l'ennemi est en dehors de cette zone, il n'a rien à craindre, puisque nous avons admis que la gerbe du triple écart probable ne donnant que 6 p. 100 de coups, c'est-à-dire guère plus de 1 coup sur 20, n'avait pas d'efficacité réelle. (Voir planche I.)

Dans tout ce qui va suivre nous supposons que l'ennemi marche en bataille sur une largeur telle qu'elle contienne toujours l'écart latéral, quelle que soit la distance du tir. En nous reportant au tableau des écarts probables, nous voyons qu'une simple section de 24 mètres de front suffit pour obtenir ce résultat.

L'ennemi en B' marche jusqu'en B; de B' en B il se trouve dans le segment supérieur, car le point B n'est pas autre chose que la rencontre avec le sol de la partie supérieure de la gerbe de l'écart probable simple. Il sera donc atteint 11 fois sur 100 de B en B', soit guère plus de 1 coup sur 10 (1 coup et 1/10 de coup). En B', l'ennemi marche jusqu'en O'. En O' il est atteint par le demi-cercle supérieur des deux écarts qui, comme nous l'avons vu, donne chance d'atteindre 47 coups sur 100. Or, en B', ne l'oublions pas, il n'avait qu'une chance de 11 coups sur 100. L'ennemi continue toujours sa marche. En A, il est atteint par le demi-cercle et par la bande centrale inférieure qui contient le demi-cercle inférieur de l'écart simple. La probabilité d'atteindre est de 94 coups moins 11, soit 83 p. 100.

Faisons marcher l'ennemi jusqu'en A'. Là, il est touché à la fois par les deux gerbes des deux écarts avec la chance maximum de 94 coups sur 100 si les gerbes des deux écarts ne sont pas plus grandes que la hauteur de son corps ($1^{m},60$).

Faisons toujours avancer l'ennemi. La trajectoire moyenne monte peu à peu, et en O, comme nous l'avons vu, elle rencontre la ceinture de l'ennemi. Puis, elle continue à remonter et arrive au point M, où le bord supérieur de la gerbe du double écart rase la tête de l'ennemi.

Tout l'espace de terrain compris depuis A, point où le bord inférieur du cercle du double écart rase le sol, jusqu'en M, point où le bord supérieur du cercle du double écart effleure la tête de l'ennemi, comprend la véritable zone dangereuse de l'arme. Elle nous permet d'atteindre l'ennemi avec la chance maximum de 94 coups sur 100, soit 19 coups sur 20. Cette zone dangereuse maximum dépend à la fois de la tension de la trajectoire et de la justesse de l'arme. Si la trajectoire était peu tendue, malgré la justesse, elle serait peu considérable. Inversement, une trajectoire fort tendue, mais ayant peu de justesse, nous donnerait une zone médiocre. L'idéal de la perfection du tir serait une trajectoire presque rectiligne, possédant une justesse telle qu'aux plus grandes distances de tir le diamètre du double écart ne dépasserait pas la hauteur de l'ennemi. Les meilleures armes modernes sont encore bien loin, pour la justesse, de cet idéal, qu'il est impossible d'atteindre quant à la tension.

Continuons la marche de l'ennemi à partir du point M', pied de la perpendiculaire MM'. La partie supérieure du cercle de l'écart probable, c'est-à-dire la bande supérieure EB'E, disparaît au point N quand le bord supérieur du cercle de l'écart probable affleure le sommet de la tête de l'ennemi, arrivé sur le sol en N'. La chance d'atteindre diminue et redevient de nouveau 83 p. 100.

De même, en O'', tout le demi-cercle supérieur passe par-dessus la tête de l'ennemi et la chance redescend à 47 p. 100; en Q, elle est redevenue simplement de 11 p. 100, et en R elle est nulle. En un mot, la zone dangereuse réelle de l'arme comprend trois grandes divisions.

1° Une zone dangereuse A, dans laquelle la chance d'atteindre est successivement de 0, de 11 p. 100, de 47 p. 100, de 83 p. 100, et enfin, à sa limite, de 94 p. 100.

2° Une zone dangereuse centrale dans laquelle la chance d'atteindre est constamment de 94 p. 100 tant que les écarts ne sortent pas du corps de l'ennemi. Si les écarts sont plus grands d'une manière notable et coïncident avec une faible tension, il n'y aura pas de zone centrale.

Dans ce cas, qui se présente aux grandes distances, la chance maximum d'atteindre est donnée en O quand la trajectoire rencontre le centre du but. Si nous nous reportons au tableau des pour cent, nous voyons, par exemple, que, pour le fusil m[le] 1874, à 300 mètres, le pour cent est de 100 mètres sur une section, tandis qu'à 1,000 mètres il est de 45 seulement, deux fois plus petit, quoique le but ait une largeur plus que suffisante pour contenir les écarts latéraux; mais en revanche, en hauteur, ces deux mêmes écarts sont, à 1,000 mètres, bien plus grands que le but.

3° Une zone dangereuse A', symétrique de la zone A, dans laquelle la chance d'atteindre, de 94 sur 100 à la limite supérieure, redescend à 83, puis 47, puis 11 et enfin 0 p. 100.

Les extrémités Q R et B B' qui, partant de zéro et n'atteignant qu'une probabilité maximum de 11 p. 100, ne donnent par conséquent qu'une probabilité moyenne de 5 à 6 p. 100, soit un coup sur 20, pourraient donc être écartées par les mêmes raisons qui nous ont déjà fait négliger le triple écart probable. Nous croyons cependant devoir les conserver pour avoir la vraie mesure de la valeur de la zone dangereuse. Un résultat de 6 à 7 pour 100, qui paraît insignifiant au polygone, serait très meurtrier en campagne, si l'on fait entrer en ligne de compte la rapidité de tir de l'arme. En brûlant 14 ou 15 cartouches par homme dans deux minutes de feu, une troupe mettrait hors de combat un nombre d'ennemis égal à son effectif.

Nous avons vu que les deux zones A' et A qui commencent par une chance minimum de 0 atteignent la chance de 94 coups sur 100 quand il y a une zone centrale. Dans ce cas, elles donnent une chance moyenne d'atteindre de 48 p. 100. Si le double écart probable est notablement plus petit que le but et si ce triple écart est contenu dans ce but, le pour cent maximum est juste de 100 et la chance moyenne de 50. Mais quand la zone centrale manquera, il est évident que la chance moyenne d'atteindre dans les zones 𝒜 et ℛ diminuera également beaucoup. Prenons le cas du fusil m^{le} 1874 à 1,000 mètres. Il n'y a pas de zone centrale. Comme aux deux extrémités de deux zones 𝒜 et ℛ la chance d'atteindre n'est que de 0 et qu'elle n'est encore que de 45 p. 100 à 1,000 mètres, distance où la trajectoire moyenne passe par le centre du but, on n'aura donc qu'une chance moyenne de 23 coups sur 100 pour les zones 𝒜 et ℛ.

Tracé des zones dangereuses.

Pour chaque arme nous verrons d'abord les lignes de mire fixes et le cran de mire éventuel, s'il y en a un. Nous tracerons leurs trajectoires et nous examinerons si elles répondent aux conditions imposées par le programme du chapitre II.

Nous verrons ensuite les lignes de mire mobiles, que nous ferons varier de 100 en 100 mètres, quelle que soit la graduation de la hausse, parce que le tireur a le choix de faire varier cette graduation de quantités plus petites ou plus grandes et que cette distance de 100 mètres paraît la plus convenable.

FUSIL M^{le} 1874.

Hausse de 200 mètres; cran de mire éventuel.

La hausse de 300 mètres étant le but en blanc naturel du fusil m^{le} 1874, on peut considérer la hausse de 200 mètres pratiquée sur le talon de la planche rabattue en arrière comme le cran de mire éventuel. Si nous cherchons si ce cran répond aux conditions exigées pour un bon service, nous ne tarderons pas à reconnaître que sa flèche est trop grande. En effet, elle est de $0^{m},36$ à 100 mètres. Nous avons posé en principe que, dans toute l'étendue de la zone dangereuse du cran de mire éventuel, le double écart probable ne doit pas sortir du corps de l'ennemi couché, dont la hauteur est de $0^{m},50$. Or, à 100 mètres l'écart probable étant de $0^{m},08$ et son double $0^{m},16$, si l'on vise l'ennemi au milieu du corps à $0^{m},25$ du sol, la trajectoire moyenne passant à $0^{m},36$ au-dessus du point visé, le bord inférieur du cercle de l'écart probable sera encore à $0^{m},28$ au-dessus de ce point et passera par conséquent au-dessus de la tête de l'ennemi. La partie inférieure du cercle du double écart atteindra seule cette tête. Mais c'est la partie la moins fournie de projectiles.

Pour pallier cet inconvénient sérieux du cran de 200 mètres, il faut viser l'ennemi au ras du sol à $0^{m}25$ plus bas, et alors le double écart ne manque pas l'ennemi. Mais en employant ce procédé on change la règle de tir habituelle, ce qui est un tort, comme nous l'avons vu.

Hausse de 300 mètres.

C'est le véritable but en blanc de l'arme, à cause de sa position sur le talon de la planche couchée naturellement en A. A 300 mètres la trajectoire moyenne rencontre la ceinture de l'ennemi. Les deux écarts probables ne sortent pas du corps de l'homme qui se trouve ainsi dans la zone centrale. S'il recule il se trouve encore dans cette zone centrale jusqu'à 315 mètres, distance où le bord inférieur du cercle du double écart problable rencontre le sol. S'il recule encore, il se trouve dans la zone latérale A qui donne une chance moyenne de 50 p. 100 jusqu'à 383 mètres, distance où le bord supérieur du double écart probable rencontre le sol. S'il avance, à partir de 300 mètres jusqu'à 263, distance où le bord supérieur du cercle du double écart probable rase sa tête, il est encore dans la zone centrale. S'il continue à avancer il se trouve dans la zone latérale A' jusqu'à 150 mètres, distance où le bord inférieur du cercle de l'écart probable rase sa tête. A partir de 150 mètres la trajectoire s'abaisse, les écarts diminuent, et à 100 mètres l'ennemi est atteint par le demi-cercle supérieur des écarts probables. Après 100 mètres, la trajectoire continue à s'abaisser et la chance d'atteindre augmente jusqu'à la bouche du canon. Toutes compensations faites, on peut admettre que la zone latérale A' s'étend depuis 263 mètres jusqu'à 0 mètre. La zone dangereuse de 300 mètres comprend donc en nombres ronds :

ZONE LATÉRALE A'.	ZONE CENTRALE.	ZONE LATÉRALE A.	ZONE TOTALE.
De 0m à 263m, chance moyenne de 60 p. 100.	De 263m à 315m, chance moyenne de 100 p. 100.	De 315m à 383m, chance moyenne de 50 p. 100.	De 0m à 383m, 70 p. 100 comme chance moyenne de la zone totale, en nombre rond.

Pour les zones dangereuses qui vont suivre, nous ne détaillerons plus autant; nous nous contenterons de donner les grandeurs des deux zones latérales et de la zone centrale, la chance maximum et la chance moyenne. La chance maximum est naturellement à la distance exacte pour chaque hausse. Il sera facile au lecteur de vérifier le calcul, à la seule inspection des tracés graphiques.

Hausse de 400 mètres.

1re zone latérale ꝟ 312 à 390 = 78 mètres;
chance moyenne de 50 p. 100;
2e zone centrale de 408 à 390 = 18 —
chance maximum 100 p. 100;
3e zone latérale ꝶ 408 à 472 = 64 —
chance moyenne de 50 p. 100;

Zone dangereuse totale = 160 mètres.

On remarquera que les zones dangereuses de 300 et de 400 mètres s'encastrent l'une dans l'autre, car l'espace compris entre 312 et 383 est battu à la fois par les deux. La hausse de 350 mètres est donc complétement inutile. Elle aurait pu être supprimée, ce qui aurait réduit à trois seulement le nombre des lignes de mire, et, par suite, les règles de tir, ce qui est toujours un grand progrès.

Hausse de 500 mètres.

La zone centrale est juste limitée à 500 mètres. En effet, l'écart probable étant à cette distance de 0m,41 et son double de 0m,82, il s'ensuit qu'à 500 mètres le bord supérieur et le bord inférieur du double écart probable rasent à la fois la tête et les pieds à 2 centimètres près, ce qui est peu de chose. Pour peu que l'homme avance ou recule de quelques pas seulement, il n'est plus dans la zone centrale, qui est donc limitée à 500 mètres. Il n'y a plus en réalité que la zone latérale ꝟ et la zone latérale ꝶ, la première de 430 à 500 mètres, la deuxième de 500 à 562 mètres, ce qui donne une zone dangereuse totale de 132 mètres, dont la chance maximum est de 95 et la chance moyenne de 48 en nombre rond.

Hausse de 600 mètres.

Pas de zone centrale.

Zone latérale ꝟ de 543 à 600 mètres. . . .	=	57
id. ꝶ de 600 à 650 mètres. . . .	=	56
Zone dangereuse totale	=	113

La chance maximum d'atteindre à 600 mètres étant de 87 mètres, la chance moyenne de chaque zone latérale diminue et devient de 44 p. 100 en nombre rond pour toute la zone totale.

Hausse de 700 *mètres.*

Pas de zone centrale.

Zone latérale Av de 652 à 700 mètres. . . . = 48
id. Ar de 700 à 745 mètres. . . . = 45
Zone dangereuse totale . . . . = 93

La chance maximum étant de 79, la chance moyenne devient de 40 p. 100 pour toute la zone totale.

Hausse de 800 *mètres.*

Zone latérale Av de 760 à 800 mètres. . . . = 40
id. Ar de 800 à 837 mètres. . . . = 37
Zone dangereuse totale. . . . . = 77

Chance maximum, 69 p. 100.
Chance moyenne, 35 p. 100 en nombre rond pour toute la zone.

Hausse de 900 *mètres.*

Zone latérale Av de 863 à 900 mètres. . . . = 37
id. Ar de 900 à 934 mètres. . . . = 34
Zone dangereuse totale. . . . . = 71

Chance maximum, 56 p. 100.
Chance moyenne, 28 p. 100 pour toute la zone.

Hausse de 1,000 *mètres.*

Zone latérale Av de 966 à 1,000 mètres. . . = 34
id. Ar de 1,000 à 1,033 mètres. = 33
Zone dangereuse totale. . . . . = 67

Chance maximum, 45 p. 100.
Chance moyenne, 23 p. 100 pour toute la zone (nombre rond).

Tableau récapitulatif des zones dangereuses du fusil modèle 1874.

DISTANCES.	ZONE latérale avant.	ZONE CENTRALE.	ZONE latérale arrière.	ZONE totale.	CHANCE maximum d'atteindre à la distance exacte.	CHANCE moyenne d'atteindre pour toute la zone.	OBSERVATIONS.
200 mètres.........	Comprise dans la zone centrale.	0 à 240 = 240	240 à 305 = 65	305	100 p. 100	85 p. 100	Les chiffres représentant les chances maximum et moyenne ont été calculés à 1 p. 100 près, en nombre rond, ce qui donne une erreur négligeable dans la pratique.
300 —	0 à 263 = 263	263 à 315 = 52	315 à 382 = 67	383	100 —	70 —	
400 —	312 à 390 = 78	408 à 390 = 18	408 à 472 = 64	160	100 —	50 —	
500 —	430 à 500 = 70	Fictive.	500 à 562 = 62	132	95 —	48 —	
600 —	543 à 600 = 57	Nulle.	600 à 636 = 56	113	87 —	44 —	
700 —	652 à 700 = 48	»	700 à 745 = 45	93	79 —	40 —	
800 —	760 à 800 = 40	»	800 à 837 = 37	77	69 —	35 —	
900 —	863 à 900 = 37	»	900 à 934 = 34	71	56 —	28 —	
1000 —	966 à 1000 = 34	»	1000 à 1033 = 33	67	43 —	23 —	

FUSIL ANGLAIS.

Lignes de mire fixes; cran éventuel.

La hausse du fusil anglais est, comme celle du fusil m[le] 1866, munie de gradins en saillie sur lesquels glisse le curseur et qui donnent les graduations de 200, 300 et 400 yards. Lorsque la planche est complétement couchée dans son logement, le cran de mire du talon donne la portée de 100 yards.

Si l'on considère cette hausse de 100 yards comme celle du cran de mire éventuel, elle répond parfaitement aux conditions exigées. La trajectoire moyenne ne s'élève que de $0^{m},07$ et le double cône de l'écart probable atteint le sol à 120 mètres seulement. Dans toute cette portée, un ennemi embusqué qui montrerait seulement la tête et tout au plus la partie supérieure de ses épaules serait infailliblement touché. Mais comme but en blanc naturel la hausse de 100 yards ne serait pas d'un bon service, car sa portée est trop courte. En effet, sa zone dangereuse totale n'est que de 230 mètres, distance où le cône supérieur du double écart probable rencontre le sol, en supposant qu'on ait visé à la ceinture l'ennemi debout. Jusqu'à 190 mètres, le double cône ne sort pas du corps de l'arme, ce qui fait une zone centrale de cette étendue. On peut donc se servir de cette hausse jusqu'à 200 yards (184 mètres), avec une certitude complète d'atteindre l'ennemi, debout ou à genou. On ne peut estimer à moins de 90 la chance moyenne d'atteindre de cette hausse dans toute son étendue, car elle est de 100 jusqu'à 190 et encore de 50 jusqu'à 212 mètres.

Hausse de 200 *yards.*

La portée totale s'étend jusqu'à 282 mètres. Le maximum d'élévation de sa trajectoire étant de $0^{m},35$ à 100 yards et la partie inférieure du cône du double écart rencontrant le sol à 243 mètres, dans toute cette étendue le double écart probable ne sort pas du corps de l'homme, ce qui constitue pour cette hausse une zone centrale très-efficace.

On peut se servir pratiquement de cette hausse jusqu'à 300 yards (276 mètres) : la chance maximum étant 100, la chance moyenne est encore de 85.

Hausse de 300 *yards.*

La flèche de sa trajectoire est de $0^{m},83$ à 150 yards. Elle rase donc à cette distance la tête d'un homme de taille moyenne ($1^{m},60$), et cet homme n'est atteint que par le demi-cercle inférieur des deux écarts. Mais à 100 yards le double cône ne sort plus du corps, et à 200 yards l'ennemi ne serait manqué que par la partie supérieure du double écart, ce qui donne à cette distance une chance d'atteindre de 83 p. 100. On peut donc admettre que de 0 à 300 yards l'ennemi sera constamment sinon dans une zone centrale, du moins dans une zone qui diffère fort peu. Cette zone centrale s'étend jusqu'à 312 mètres et la zone totale jusqu'à 363 mètres. On peut donc se servir de la zone de 300 yards jusqu'à 400 yards. La chance maximum étant 100, la chance moyenne est de 80 pour toute l'étendue de la zone. Cette hausse de 300 yards est celle qui devrait être choisie pour le but en blanc naturel de l'arme, parce que c'est celle qui donne la zone dangereuse la plus grande sur toute l'étendue de son parcours.

Hausse de 400 yards.

La flèche de sa trajectoire passe bien au-dessus de la tête de l'homme, et la partie inférieure du double cône ne la rencontre qu'à 280 mètres. De 280 à 345 mètres l'ennemi se trouve dans la zone latérale *N* (64). De 345 à 382, zone centrale de 37 mètres d'étendue où l'on atteint l'ennemi infailliblement. Enfin, de 382 à 430, zone latérale arrière de 48 mètres.

En somme, la zone dangereuse de 400 yards va depuis 280 jusqu'à 430, soit une étendue de 150 mètres, avec une chance maximum de 100 à la distance exacte, et de 65 seulement dans toute l'étendue de la zone. On voit que les lignes de mire fixes du fusil anglais sont judicieusement choisies. La hausse de 100 yards peut jouer le rôle de cran de mire éventuel, et l'on peut prendre à volonté le cran de 200 et de 300 yards comme but en blanc naturel. Celui de 400 yards ne jouit plus de cette propriété.

Les zones dangereuses de ces diverses hausses s'enchevêtrent parfaitement l'une dans l'autre, et à demi-distance entre chacune d'elles on peut, sans manquer l'ennemi, employer indifféremment la plus haute ou la plus basse.

Le chiffre de quatre hausses est même exagéré. Les deux hausses de 100 et de 200 yards pourraient être remplacées par une seule hausse de 150 yards. La flèche de sa trajectoire serait au plus de $0^m,26$, ce qui permettrait d'atteindre à tout coup le tireur couché de 0 à 150 yards. La zone centrale irait à 215 et sa zone totale à 260. Cette hausse servirait pour le tir jusqu'à 200 yards (184 mètres). Après cette distance, on pourrait encore employer, sans manquer, la hausse de 300 yards, jusqu'à 350 yards.

Un deuxième reproche que nous adressons à la hausse du fusil anglais, c'est que en deçà de 400 yards on ne sait pas si le tireur tire par la hausse de 100, de 200, de 300 ou de 400, à moins d'être tout près de lui pour regarder la graduation.

Ce défaut, qui lui est commun avec la hausse du fusil m^le^ 1866, est grave, et nous avons pu souvent nous assurer par nous-même qu'au feu les hommes tiraient à 200 mètres, et même en deçà, avec des hausses de 350 et 400 mètres. Au contraire, avec la hausse du fusil m^le^ 1874, un simple coup d'œil à distance indique si l'homme prend la hausse de 200, de 300 ou les hausses supérieures, suivant que la planche est levée ou couchée en A/ ou en A\. Cet avantage du fusil m^le^ 1874 est précieux aux distances de 200 ou de 300 mètres, où le feu a un effet décisif, et, à un simple avertissement de son chef, l'homme, d'un léger coup de pouce, couche la planche en A/ ou en A\, selon qu'il veut prendre la hausse de 200 ou 300 mètres.

Lignes de mire mobiles.

Nous laissons de côté la trajectoire de 500 yards, qui répond à celle de 460 mètres et qui ferait un double emploi avec celle de 500 mètres, dont elle se rapprocherait beaucoup. Du reste, il nous serait bien plus difficile de faire la comparaison, car les distances en centaines de yards diffèrent trop des distances en centaines de mètres à partir de 400 yards. Il vaut mieux les déterminer de 100 en 100 mètres, depuis 500 jusqu'à 1,000.

Hausse de 500 mètres.

Zone latérale A/, 440 à 495	55
Zone centrale, 495 à 506	11
Zone latérale A\, 506 à 552	46
Zone totale	112
Chance maximum	100
Chance moyenne	50

Hausse de 600 mètres.

Zone latérale A/, 546 à 600	54
Zone centrale, fictive	»
Zone latérale A\, 600 à 645	45
Zone totale, 546 à 645	99
Chance maximum	96
Chance moyenne	48

Hausse de 700 *mètres.*

Zone latérale AV, 655 à 700	45
Zone centrale, nulle	»
Zone latérale AR, 700 à 742	42
Zone totale, 655 à 742	87
Chance maximum	87
Chance moyenne	44

Hausse de 800 *mètres.*

Zone latérale AV, 764 à 800	36
Zone centrale, nulle	»
Zone latérale AR, 800 à 836	36
Zone totale, 764 à 836	72
Chance maximum	79
Chance moyenne	40

Hausse de 900 *mètres.*

Zone latérale AV, 865 à 900	35
Zone centrale, nulle	»
Zone latérale AR, 900 à 935	35
Zone totale, 865 à 935	70
Chance maximum	68
Chance moyenne	34

Hausse de 1,000 *mètres.*

Zone latérale AV, 966 à 1,000	34
Zone centrale, nulle	»
Zone latérale AR, 1,000 à 1,034	34
Zone totale, 966 à 1,034	68
Chance maximum	56
Chance moyenne	28

Tableau récapitulatif des zones dangereuses du fusil Martini-Henry.

DISTANCES.	ZONE latérale avant.	ZONE CENTRALE.	ZONE latérale arrière.	ZONE TOTALE.	CHANCE maximum d'atteindre à la distance exacte.	CHANCE moyenne d'atteindre pour toute la zone.
100 yards..................		0 à 190 = 190	190 à 230 = 40	0 à 230 = 230	100 p. 100	90 p. 100
200 —	Il n'y en a pas ; toute la trajectoire est une zone centrale.	0 à 243 = 243	243 à 282 = 39	0 à 282 = 282	100 —	85 —
300 —		0 à 312 = 312	312 à 362 = 50	0 à 362 = 362	100 —	80 —
400 —	281 à 345 = 64	345 à 382 = 37	382 à 430 = 48	281 à 430 = 149	100 —	65 —
500 —	440 à 495 = 55	495 à 506 = 11	506 à 552 = 46	440 à 552 = 112	100 —	50 —
600 —	546 à 600 = 54	Fictive.	600 à 645 = 45	546 à 645 = 99	96 —	48 —
700 —	655 à 700 = 45	Nulle.	700 à 742 = 42	655 à 742 = 87	87 —	44 —
800 —	764 à 800 = 36	Id.	800 à 836 = 36	764 à 836 = 72	79 —	40 —
900 —	865 à 900 = 35	Id.	900 à 935 = 35	865 à 935 = 70	68 —	34 —
1000 —	966 à 1000 = 34	Id.	1000 à 1034 = 34	966 à 1034 = 68	56 —	28 —

On voit qu'à partir de 500 mètres les zones dangereuses du fus anglais sont très-puissantes et qu'elles conservent une grande chanc d'atteindre. Le tir à 1,000 mètres sera très efficace si la distanc est appréciée exactement, car dans l'étendue de cette zone d 68 mètres l'ennemi sera touché plus d'une fois sur quatre, ce q est une probabilité de tir très grande.

FUSIL SUISSE WETTERLI.

Lignes de mire fixes et cran éventue..

Cette arme a trois lignes de mire fixes : 225, 300 et 400. A l rigueur même, elle n'en a que deux, parce que, à partir de 30 toutes les lignes de mire s'obtiennent, de 50 en 50 mètres, par l mouvement continu en arc de cercle de la planche, et l'arrêt d cette planche a une distance variable, au choix du tireur, d 50 en 50 mètres. A cet effet, un des côtés de la hausse est mu d'une graduation numérotée de 100 mètres en 100 mètres, avec u trait au milieu.

La première hausse de 225 mètres sert donc à la fois de cra éventuel et de but en blanc naturel. Comme cran éventuel, il n répond nullement à sa destination, car la flèche à 112^{m},50 est d 0^{m},52. Par suite, de 100 à 120 mètres, un ennemi couché est sou vent manqué en le visant même au ras du sol, car il n'est attein que par une partie du demi-cercle inférieur des deux écarts, q n'auront chance d'atteindre que le haut de la tête. Un ennemi em busqué qui se découvre à peine a fort peu de chances d'être attein à moins que le tireur ne s'astreigne à viser en avant de l'ennemi procédé que nous avons trouvé impraticable. Comme but en blan naturel, la hausse de 225 mètres donne un excellent tir sur u ennemi debout et à genou, et sur ce dernier elle donne une zon centrale de 0 à 265 mètres et une zone totale de 308 mètres. L chance maximum étant 100, la chance moyenne sera de 85 dan toute l'étendue de cette zone.

Hausse de 300 *mètres.*

La hausse de 300 mètres ne jouit plus de la faculté de pouvoi servir de but en blanc naturel, car sa flèche étant de 1 mètre à 150 mètres, à cette distance le cône total de dispersion est au-des sus de la tête du tireur. En A', il faut s'avancer jusqu'à 100 mètre pour que le demi-cercle inférieur des deux écarts frappe en plei dans la tête ; en A, la trajectoire s'abaisse ensuite avec le cône total mais ce n'est que vers 200 mètres que ce demi-cercle inférieur pro duit le même effet qu'à 100 ; on peut cependant faire commencer à 150 mètres la zone dangereuse A.

Ce n'est qu'à 265 mètres que commence la zone centrale de cette hausse, qui est limitée à 328 mètres (63). Ensuite la zone latérale A va de 328 à 381 (63). La zone totale est donc de 23.

Si l'on voulait se servir de la hausse de 300 comme but en blanc naturel, il faudrait viser l'ennemi au bas-ventre au lieu de viser à la ceinture. Dans cette hypothèse, le tir serait excellent, et toute la zone de 100 à 200 mètres, qui est peu fournie de feux, serait très garnie, au contraire.

La chance maximum étant de 100, la chance moyenne est de 75.

Hausse de 400 mètres.

Zone latérale A', 325 à 390.	65
Zone centrale, 390 à 408.	18
Zone latérale A, 408 à 466.	58
Zone totale.	141
Chance maximum	100
Chance moyenne.	50

Il est à remarquer qu'à part l'absence d'un cran éventuel, ce qui est regrettable, les trois lignes de mire mobiles du fusil suisse battent parfaitement, sur un homme debout, tout le terrain de 0 à 466.

Les zones de ces trois hausses s'enchevêtrent suffisamment pour qu'à moitié distance l'ennemi soit atteint, quelle que soit la hausse employée.

En effet, à 250 mètres on peut prendre indifféremment 225 ou 300; à 350 mètres, 300 ou 400; à 450, 400 ou 500 : car la zone latérale A' de 500 mètres commence à 431 mètres.

Hausse de 500 mètres.

Zone latérale A', 431 à 500.	69
Zone centrale (néant).	»
Zone latérale A, 500 à 556.	56
Zone totale, 431 à 556.	125
Chance maximum..	91
Chance moyenne.	46

Hausse de 600 mètres.

Zone latérale A', 550 à 600.	50
Zone centrale (néant).	»
Zone latérale A, 600 à 648..	48
Zone totale.	98
Chance maximum..	82
Chance moyenne.	41

Hausse de 700 *mètres.*

Zone latérale Av, 655 à 700.	45
Zone centrale (néant).	»
Zone latérale Ar, 700 à 745.	45
Zone totale, 655 à 745.	90
Chance maximum	73
Chance moyenne (en nombre rond)..	37

Hausse de 800 *mètres.*

Zone latérale Av, 761 à 800.	39
Zone centrale (néant).	»
Zone latérale Ar, 800 à 838.	38
Zone totale, 761 à 838.	77
Chance maximum..	63
Chance moyenne (en nombre rond).	32

Hausse de 900 *mètres.*

Zone latérale Av, 865 à 900.	35
Zone centrale (néant).	»
Zone latérale Ar, 900 à 935.	35
Zone totale, 865 à 935.	70
Chance maximum	52
Chance moyenne.	26

Hausse de 1,000 *mètres.*

Zone latérale Av, 967 à 1,000.	33
Zone centrale (néant).	»
Zone latérale Ar, 1,000 à 1,033.	33
Zone totale, 967 à 1,033.	33
Chance maximum..	38
Chance moyenne.	19

Tableau récapitulatif des zones dangereuses du fusil Wetterli.

DISTANCES.	ZONE latérale avant.	ZONE CENTRALE.	ZONE latérale arrière.	ZONE TOTALE.	CHANCE maximum d'atteindre à la distance exacte.	CHANCE moyenne d'atteindre pour toute la zone.
225 mètres....................	»	0 à 265 = 265	265 à 308 = 43	0 à 308 = 308	100 p. 100	85 p. 100
300 —	150 à 265 = 115	265 à 328 = 63	328 à 381 = 63	150 à 381 = 231	100 —	75 —
400 —	325 à 390 = 65	390 à 408 = 18	408 à 466 = 58	325 à 466 = 141	100 —	50 —
500 —	431 à 500 = 69	Néant.	500 à 556 = 56	431 à 556 = 125	91 —	46 —
600 —	550 à 600 = 50	Id.	600 à 648 = 48	550 à 648 = 98	82 —	41 —
700 —	655 à 700 = 45	Id.	700 à 745 = 45	655 à 745 = 90	73 —	37 —
800 —	761 à 800 = 39	Id.	800 à 838 = 38	761 à 838 = 77	63 —	32 —
900 —	865 à 900 = 35	Id.	900 à 935 = 35	865 à 935 = 70	52 —	26 —
1000 —	967 à 1000 = 33	Id.	1000 à 1033 = 33	967 à 1033 = 66	38 —	19 —

COMPARAISON DES ZONES DANGEREUSES PRATIQUES DES TROIS ARMES.

Cran éventuel. — Il n'existe réellement que dans le fusil anglais. Dans le fusil français on peut y suppléer en changeant la règle de tir de la hausse de 200 mètres qui occupe la place de ce cran éventuel. Le fusil suisse ne jouit pas de cet avantage.

But en blanc naturel.—200 ou 300 yards, au choix, pour le fusil anglais, en donnant la préférence à ce dernier but, qui a une portée totale de 362 mètres; 300 mètres dans le fusil français, avec une portée totale de 383; 225 dans le fusil suisse, avec une portée totale de 308 mètres. Dans cette dernière arme, le but en blanc pourrait être porté sans inconvénient jusqu'à 250 mètres, sans que le double cercle des écarts sorte du corps de l'homme, ce qui permettrait d'atteindre une portée totale de 358 mètres.

Lignes de mire mobiles.—Quatre dans le fusil anglais, en comptant le cran éventuel.

Quatre dans le fusil français également. Mais il importe de remarquer qu'une d'entre elles, celle de 350, est complètement inutile et qu'il aurait été plus logique de la supprimer, en la remplaçant par un cran éventuel de 100 ou 125 mètres qui aurait été bien supérieur à celui de 200 mètres.

Trois dans le fusil suisse. Mais aucune ne peut jouer le rôle de cran éventuel. Il serait possible d'en déterminer un sur le pied de la planche renversée en avant. La graduation devrait être de 100 mètres.

En somme, ces trois armes remplissent les conditions exigées pour les lignes de mire fixes, car l'espace compris entre deux quelconques d'entre elles est parfaitement battu pour les deux à la fois.

Les seuls changements à opérer seraient les modifications proposées pour les crans éventuels des fusils français et suisse. La chance moyenne d'atteindre est la même pour ces deux dernières armes : 85, 75 et 50. Elle est un peu plus forte pour le fusil anglais : 80, 85, 65 (en défalquant le cran éventuel de 100 yards). En prenant la moyenne des résultats obtenus à 200, 300 et 400 mètres avec le fusil français, 225, 300 et 400 avec le fusil suisse, nous trouvons 70, tandis que le fusil anglais nous donne pour 200, 300 et 400 yards, 76, chiffre un peu supérieur, ce qui provient de ce que les distances en centaines de yards sont plus petites que les distances en centaines de mètres.

Mais faisons remarquer en revanche que la zone totale de la hausse de 400 yards s'arrête à 430 mètres, tandis que la hausse de 400 mètres donne une portée totale de 466 mètres dans le fusil suisse et de 472 mètres dans le fusil français. Il y a donc compensation. S'il fallait classer les trois armes au double point du vue de la portée et de la justesse, nous mettrions en première ligne le fusil français comme ayant, avec une justesse suffisante, les plus grandes zones dangereuses et surtout le but en blanc naturel le plus étendu en portée. Le fusil anglais viendrait ensuite, suivi de très près par le suisse. Leurs zones dangereuses se rapprochent beaucoup, et si les deux armes avaient les mêmes lignes de mire mobiles, leurs zones dangereuses seraient presque identiques. Avec le tableau des hauteurs des trajectoires et celui des écarts, il est aisé au lecteur de vérifier l'exactitude de notre assertion.

Le fusil anglais doit cependant marcher, à cause de sa plus grande justesse, avant le fusil suisse, au point de vue balistique bien entendu. Mais si maintenant nous voulons tenir compte de la valeur du mécanisme à répétition, nous donnons hardiment la préférence au fusil suisse et nous le plaçons au premier rang, car la faculté de tirer, à 400, 300 et 200 mètres, 14 ou 15 coups de suite au lieu de 7 ou 8 dans une minute de feu rapide, compense et au delà sa légère infériorité balistique. C'est là un résultat acquis au fusil suisse. Il est supérieur, en deçà de 400 mètres, aux meilleurs modèles à chargement simple.

Si nous recherchons dans les tableaux précédents les zones totales des trois armes, de 500 à 1,000 mètres, en mettant à côté les chances maxima et moyennes, le fusil français tient la tête pour l'étendue de ces zones totales.

Le fusil suisse vient ensuite, serrant d'assez près le fusil français, surtout à partir de 800 mètres.

Le fusil anglais ne marche qu'en troisième ligne. Les zones totales sont plus faibles que celles du fusil suisse de 500 à 800, égales à 900 et plus grandes seulement à 1,000 mètres.

Nous savons qu'après 500 mètres les trajectoires du fusil suisse s'infléchissent plus rapidement que celles du fusil anglais. Or, à 1,000 mètres, les zones sont égales à 2 mètres près, 66 et 68. Cependant la trajectoire du fusil anglais tombe à cette distance sous un angle bien plus petit que celle du fusil suisse. Il suffit de jeter un coup d'œil sur la planche des trajectoires.

Ce fait bizarre, en apparence anomalique, s'explique cependant très naturellement si l'on veut réfléchir que les écarts probables du fusil suisse devenant dès 500 mètres beaucoup plus grands que ceux du fusil anglais, les coups sont plus dispersés entre eux et augmentent la zone totale. En revanche, cet effet se produit au détriment de la *chance maximum* et de la *chance moyenne* qui se trouve bien diminuée.

Ainsi, par exemple, à 1,000 mètres le fusil Martini-Henry a une chance maximum énorme de 56 p. 100 et moyenne de 28 sur toute la zone, tandis que le fusil Wetterli n'a qu'une chance maximum de 38 et moyenne de 19, de moitié plus faibles que celles du fusil anglais. Le fusil français s'intercale entre les deux avec une chance maximum de 45 et moyenne de 23.

Si nous voulons classer les trois armes, nous mettons en première ligne le fusil anglais, à cause de sa supériorité considérable de justesse; mais nous n'hésitons pas à dire que le fusil français peut être placé sur le même rang que le fusil anglais et qu'il a la même valeur pratique, car il regagne en portée ce qu'il perd en justesse.

Le fusil suisse vient en dernière ligne comme ayant à la fois moins de justesse que le fusil anglais, des zones plus faibles et moins de justesse que le fusil français. Mais c'est encore une arme fort redoutable, et à 1,000 mètres, portée extrême de sa hausse, il a presque la même zone que les deux autres armes (66 au lieu de 67 et 68) et sa chance moyenne est de 19 contre 23 et 28. Il perd cependant de 500 à 1,000 mètres la supériorité qu'il avait en deçà de 400 mètres.

CHAPITRE V.

Résultats obtenus dans le tir d'une troupe.

Les résultats de justesse obtenus dans les tableaux des pour cent donnent incontestablement le premier rang au fusil anglais. Mais remarquons que ce sont des maxima qui n'ont pu être obtenus que par de très-forts tireurs et dans des circonstances exceptionnelles. De là au tir d'une troupe même bien instruite il y a loin. C'est tout au plus si l'on aura le tiers des résultats inscrits dans ces tableaux; et si certaines fractions de troupes obtiennent quelquefois la moitié, d'autres fractions en revanche descendent au quart. A 400 mètres, les Français tirent avec le fusil m^le^ 1874 sur une cible de $1^m,50$ de long et 2 de hauteur (3 mètres de surface); les Suisses, avec le fusil Wetterli, sur une cible carrée de $1^m,80$ de côté ($3^m,24$ de surface); les Anglais, avec le fusil Martini-Henry, sur une cible de six pieds carrés ($1^m,83$ sur $1^m,83$ ou $3^m,36$ de surface). Ces trois armes mettent 100 p. 100 à cette distance dans ces trois buts qui ont à peu de chose près la même surface. Si dans les trois armées, suisse, française, anglaise, on relevait le résultat du tir à cette distance, on arriverait à un pour cent total variable de 30 à 60 suivant l'instruction de la troupe, quelle que soit l'arme employée.

Ainsi, par exemple, en 1873, dans l'armée suisse, on a obtenu un pour cent total de 45 à 400 mètres, tandis qu'en 1875, à l'école de tir, on a obtenu un pour cent de 67 pour les officiers, 66 pour les sous-officiers et 61 pour l'école des recrues. La différence dans les résultats obtenus proviendra toujours plutôt de *l'instruction acquise* que de *la valeur* de l'arme. Quelle que soit la justesse de cette arme, si l'instruction du tireur est mauvaise, les résultats sont forcément médiocres. Entre le tireur de première classe qui a obtenu avec le fusil m[le] 1874 un pour cent minimum de 50 (30 balles mises sur 60 tirées), et le tireur de troisième classe dont le pour cent maximum est de 20 (12 balles sur 60), la différence est fort grande.

En France, avec le fusil m[le] 1866, le pour cent d'expérience à 400 mètres sur une cible carrée de 2 mètres de côté est de 94.

Nous avons obtenu à cette distance de 400 mètres, en 1872, à Cherbourg, avec de jeunes soldats instruits à la hâte, 29 p. 100 seulement ; en 1873, à Paris, avec un bataillon de vieux soldats exercés, 48 ; enfin, en 1874 et 1875, à Lorient, aux apprentis fusiliers marins, 53 et 56 p. 100. L'adresse dans le tir comptant pour une part importante dans l'obtention d'un brevet de fusilier marin de 1re, 2e ou 3e classe, les apprentis fusiliers apportent le plus grand soin à leur instruction de tir. Voilà l'explication de leur tir supérieur.

Le 25e bataillon de chasseurs à pied a exécuté pendant trois mois, en 1875, diverses séries d'expériences sur le fusil m[le] 1874. Des hommes composant ce bataillon, les uns comptaient seize mois de service et avaient déjà fait au moins deux tirs avec le fusil m[le] 1866 ; les autres, recrues de la classe précédente, avaient suivi une bonne instruction de tir et achevé un tir complet avec le fusil m[le] 1866.

Ces hommes tirèrent d'abord à 19 distances différentes, comprises entre 200 et 1,800 mètres, et achevèrent de brûler ensuite les 200 cartouches allouées à chaque arme dans des feux de salve, plongeants et de tirailleurs. Comme, à partir de 1,000 mètres, les tireurs avaient déjà brûlé environ 60 cartouches par homme, on peut considérer leur adresse comme suffisante à partir de 1,000 mètres et bonne après la série complète des tirs individuels.

Du très remarquable et consciencieux rapport présenté sur ces expériences par M. le commandant de Négrier, nous extrayons les résultats suivants :

Remarquons que le 25e bataillon a tiré en tout 90,800 coups, dont la seconde moitié environ dans les feux d'ensemble. Cette quantité considérable de coups tirés nous permet d'accepter les résultats obtenus par ce bataillon dans le tir du fusil m[le] 1874, comme représentant la valeur réelle de l'arme maniée par une troupe dont l'adresse est considérée comme suffisante. Il est indiscutable que si les mêmes hommes avaient recommencé le même tir en 1876 les résultats auraient été supérieurs.

On a obtenu en nombres ronds, à 1/2 p. 100 près :

Sur une cible circulaire de $1^m,50$ de diamètre,

A 200 mètres. . . . . 80.
A 300 mètres. . . . . 41.

Sur une cible carrée de 2 mètres de hauteur sur 2 de base,

A 400 mètres. . . . . 43.
A 600 mètres. . . . . 31.

Sur une cible rectangulaire de 2 mètres de hauteur sur 4 de base,

A 800 mètres.. . . . . 22 (*sic*).
A 900 mètres.. . . . . 28.
A 1,000 mètres. . . . . 23.

L'influence d'un fort vent latéral complètement perpendiculaire au plan de tir explique les résultats inférieurs de 800 mètres. Remarquons que le pour cent de 400 mètres (43) n'a rien d'extraordinaire et se trouve inférieur à ceux qu'ont obtenu à la même distance, sur le même but, mais avec le fusil m^le^ 1866, les trois bataillons cités plus haut (48, 53 et 56). Cependant le fusil m^le^ 1866 est sensiblement inférieur comme justesse au fusil m^le^ 1874. C'est une nouvelle démonstration de l'axiome déjà énoncé : que la valeur du résultat obtenu dépend de la bonne instruction de la troupe plutôt que de l'arme.

Les anciens soldats et les vieux sous-officiers d'infanterie de la marine tirant pour la première fois, en 1867 et 1868, avec le fusil m^le^ 1866, obtinrent généralement de moins bons résultats avec cette arme qu'avec la carabine à balle évidée qui avait été jusqu'à cette époque l'armement de l'infanterie de la marine. Cependant entre les deux armes la différence de justesse est notable.

Les tableaux de feux de salve et de feux plongeants des expériences du 25e bataillon de chasseurs à pied ne nous offrent aucun intérêt. Au contraire, le tableau des feux de tirailleurs, où l'homme a pu viser et tirer à son aise, est plus utile. En outre, le sol sur lequel il opérait (laisse de mer à marée basse en sable fin) permettait au projectile de ricocher sans trop se déformer. Ces feux eurent lieu à des distances inconnues, les hommes avançant successivement par bonds; les hausses étaient données par les sous-officiers et les caporaux.

De 200 à 400 mètres, sur de petites cibles de $0^m,75$ de hauteur et $0^m,50$ de base, distantes de 13 mètres, on a obtenu un pour cent de 14; de 400 à 600, sur des cibles de 1 mètre sur deux distances de 13 mètres d'axe en axe, un pour cent de 14.34; de 400 à 800, sur le même but, un pour cent de 5.4; de 200 à 1,000, on a obtenu un pour cent général de 13.6 sur divers buts représentant : 1° une batterie, de 1,000 à 800 mètres; 2° des groupes de tirailleurs, de 800 à 400; 3° de 400 à 200, des tirailleurs isolés à genou et accroupis.

Ces résultats sont très bons. Ils ont ceci de remarquable qu'exécutés à des distances inconnues, ils montrent la puissance de l'arme. Quand il est manié par une troupe bien exercée, on peut donc avoir une pleine et entière confiance dans le fusil m^le 1874.

L'examen des tableaux des pour cent nous prouve que l'arme la plus précise n'a de supériorité réelle que quand le but présente une petite dimension. Dans ce cas, quelques centimètres d'écart de plus ou de moins ne sont pas à dédaigner. Mais sur des buts représentant même une simple escouade ou un peloton par le flanc, la différence des résultats obtenus est peu sensible avec un tireur ordinaire. Le très fort tireur seul peut apprécier la valeur d'une arme plus précise. Prenons, par exemple, le tir à 300 mètres du fusil Martini-Henry et du fusil m^le 1874. L'écart probable du premier est de $0^m,17$ et celui du second de $0^m,27$. Sur la cible circulaire de $1^m,50$ de diamètre, un très fort tireur obtiendra avec le fusil Martini-Henry 100 p. 100, et avec le fusil m^le 1874, 99.5. La différence est nulle, et le bon tireur mettra le même nombre de balles avec chaque arme. Sur une cible circulaire de 1 mètre de diamètre, le fusil anglais donne 100 p. 100 et le fusil français seulement 79. Le fort tireur mettra tous ses coups dans la cible avec le fusil Martini et en manquera 2 sur 10 avec le fusil français. Sur un but circulaire encore plus petit, ayant $0^m,50$ de diamètre (ce qui est à peu près la surface d'un tirailleur couché), le très fort tireur obtiendra 76 avec le fusil Martini et 45 seulement avec le fusil m^le 1874. Mais le tireur ordinaire qui touche seulement 4 coups sur 10 la cible de $1^m,50$, sera loin de toucher ce même nombre de coups la cible de $0^m,50$, et soit qu'il tire avec le fusil Martini ou avec le fusil français, il n'obtiendra guère qu'un pour cent de 10 à 12, car la déviation provenant de son peu d'adresse est bien plus considérable que la différence entre les deux écarts probables, qui n'est en réalité que de 10 centimètres seulement.

EXPÉRIENCES FAITES PAR LES DIVERSES PUISSANCES.

Nous arrivons au même résultat en comparant les résultats des expériences faites par les diverses puissances.

Prusse. — En Prusse, à 400 mètres, les meilleurs tireurs de chaque compagnie des fusiliers de la garde ont eu, sur une cible de $1^m,80$ de hauteur sur $2^m,40$ de base, un pour cent de 80.

En vertu d'un ordre de cabinet du 14 juillet 1872, prescrivant d'introduire, à titre d'essai, des formations spéciales, on fit à l'école de tir de Spandau des expériences de tir très pratiques. Elles avaient pour objet de faire connaître le degré d'efficacité du feu d'une ligne de tirailleurs contre des buts debout, couché, en colonne, en ligne et par le flanc. Nous en donnons ci-après les résultats :

1er but : Un bataillon en colonne double (debout), représenté par deux panneaux de 28 mètres de longueur, placés à une distance de 15 mètres l'un de l'autre.

Soixante hommes couchés exécutèrent, pendant deux minutes, un feu lent de tirailleurs à 500 mètres.

Comme il était admis que la majeure partie des balles traversaient les deux panneaux ou cibles, on ne compta que la moitié de celles qui avaient touché le but.

D'autre part, on estime que chaque balle ayant atteint le but mettait 1 homme 1/2 hors de combat, à cause de la formation en ordre profond.

Total des coups tirés, 811 : 13.5 par homme.

Total des coups touchés, 900 : 394 dans la première cible et 506 dans la seconde.

Résultat modifié suivant l'hypothèse ci-dessus :

$$= \frac{900}{2} + \frac{450}{2} \text{ ou 675 hommes mis hors de combat.}$$

2e but : Demi-bataillon en ligne (debout), figuré par 24 cibles (58 mètres de longueur).

Tous les coups touchés comptaient; 74 à déduire pour les intervalles; chaque balle qui touchait le but mettait un homme hors de combat.

Soixante hommes couchés exécutèrent, pendant deux minutes, un feu lent de tirailleurs à la distance de 500 mètres.

Nombre de coups tirés, 906 : 15 coups par homme.

— touchés, 565 : 62 p. 100.

Déduisant 1/4 des touchés, il restait 424 hommes mis hors de combat.

3e but : Demi-bataillon en ligne (couché).

Les 24 cibles ne mesuraient que 23 pouces de hauteur. Le reste comme ci-dessus, n° 2.

Nombre de coups tirés, 807 : 13 coups par homme.

— touchés, 220 : 27 p. 100.

Déduisant 1/4 des touchés, il restait 165 hommes hors de combat.

4e but : Deux colonnes de compagnie à 50 pas d'intervalle (debout).

Calcul des coups comme au n° 1.

Trente tirailleurs firent feu pendant deux minutes sur chaque compagnie à 500 mètres.

Nombre de coups tirés, 826 ; 14 coups par homme.

— touchés, 892 : 107 p. 100.

Déduisant 1/4 des touchés, il restait 669 hommes hors de combat.

5e but : Deux colonnes de compagnie à intervalle de 50 pas (couchées), représentées par trois panneaux de 23 pouces de hauteur. Le reste comme ci-dessus.

Nombre de coups tirés, 828.

— touchés, 531, plus 60 ricochets, qui furent déduits.

En défalquant 1/4 des touchés, il restait 428 hommes hors de combat.

6e but : Demi-bataillon (debout) en colonne par peloton et par le flanc. Chacun des quatre pelotons était représenté par des cibles doubles, à la tête, au centre et à la queue.

On avait recommandé aux tirailleurs des ailes de tirer diagonalement. Chaque balle qui frappait la double cible mettait 1 homme 1/2 hors de combat.

Déduire 1/4 pour les intervalles. Le reste comme ci-dessus.

Nombre de coups tirés, 729.

— touchés, 510 : 69 p. 100 ou 571 hommes hors de combat, d'après le calcul précédent.

Le nombre de balles ayant touché les différents pelotons était comme suit :

1er peloton, 162 hommes touchés.
2e — 39 —
3e — 88 —
4e — 221 —

7e but : Demi-bataillon en ligne (debout).

Soixante hommes furent déployés en tirailleurs ; ils se couchèrent et pendant deux minutes ils exécutèrent un feu de salve à 500 mètres. Le chef commanda le feu douze fois.

Nombre de coups tirés, 677.

— touchés, 365 : 53 p. 100, ce qui donnait 274 hommes mis hors de combat.

Le feu de salve fut exécuté de deux manières. En premier lieu, l'officier, après avoir indiqué aux hommes les distances et les points de repère, commanda d'abord : *Armez ! Joue !* et, après une légère pause, *Feu !* après quoi chaque homme rechargeait son arme et attendait de nouveau dans la position d'en joue le commandement de *Feu!* En second lieu, l'officier commanda aux tirailleurs, couchés, d'apprêter les armes, les avertissant de viser et ordonnant ensuite le feu.

RÉCAPITULATION DES EXPÉRIENCES.

Soixante tirailleurs couchés derrière un abri, tirant à 500 mètres (625 pas), mirent en deux minutes hors de combat :

675 hommes, dans un bataillon en colonne double (debout)........................	5,584
669 hommes, dans deux colonnes de compagnie, à intervalles (debout).................	balles tirées;
571 hommes, dans un demi-bataillon, par le flanc par peloton (debout)...............	3,983
428 hommes, dans deux colonnes de compagnie, à intervalles (couchées).............	balles mises;
424 hommes, dans un demi-bataillon en ligne (debout).......................	0/0 général,
165 hommes, dans un demi-bataillon en ligne (couché)......................	71 [1].

Cette expérience a été faite à une distance parfaitement connue et très probablement avec des tireurs très exercés. C'est le véritable tir de polygone, donnant le maximum de puissance de l'arme.

Autriche. — En Autriche, les tireurs de 1re classe, tirant à 500 pas (378 mètres), ont obtenu un pour cent de 68, sur une cible de 1m,90 de hauteur sur 2m,25 de base.

En 1875 et 1876 on a fait, à l'école de tir de Brüch, des expériences sur la portée du fusil d'infanterie avec la nouvelle cartouche. Elles ont donné les résultats suivants :

1 Baron WECHMAR, *Combat moderne.* — 1875.

DISTANCES en pas.	LA DISTANCE est-elle connue ou inconnue?	BUT.	GENRE de feux employés.	POUR CENT.	REMARQUES.
600 800 1000	Connue approximativement.	Front de section. Cibles de 1m,89 de haut et de 7m,58 de large.	» » »	45 35 23 26,3	
600 800 1000	Inconnue.	Front de compagnie. 128 figures entières.	Feux de tirailleurs.	26,1 23,6 12,6	La distance a été appréciée au moyen de salves exécutées par un essaim.
1000		Front de compagnie (tiers de hauteur).		11,6	
900 800 1000		Colonne de compagnie. Deux cibles l'une derrière l'autre; largeur, 25 pas; profondeur, 18.		62,7 49,6 23,6	
1000		Colonne de compagnie (demi-hauteur).	Feux de salve.	26,2 40,6	
600 800 1000		Une compagnie représentée par deux pelotons déployés et deux pelotons en colonne double, les têtes de peloton à intervalle de deploiement et à la même hauteur.	Feux de tirailleurs.	35 21 75	
1100	Connue approximativement.	Colonne double de bataillon (un carré de 48 pas).		79 76,6	La distance a été appréciée au moyen de salves exécutées par un peloton.

Ces expériences, comme celles faites en Prusse, donnent les résultats maxima de l'arme, car elles proviennent de tireurs choisis.

Nous faisons toutes nos réserves sur les pour cent obtenus à des distances inconnues[1].

Italie. — Un bataillon d'infanterie de la division de Rome a obtenu les résultats suivants sur une cible ayant en hauteur $1^m,80$, largeur 10 mètres, superficie 18 mètres :

1° En ordre dispersé, distance moyenne	707 mètres,	22 p. 100.
2° En ordre dispersé, distance moyenne	460 —	41 —
3° Feux à commandement, distance moyenne..	460 —	35 —
4° En ordre dispersé, distance moyenne	439 —	49 —
5° Feu accéléré (7,14 coups à la minute), distance moyenne.	189 —	46 —
6° Feux de compagnie à commandement accéléré (5,33 à la minute), distance moyenne..	189 —	42 —
7° En tout, distance moyenne.	407 —	39 —

Suisse. — Nous regrettons de ne pas connaître les résultats obtenus par les troupes anglaises dans leur tir à la cible, mais nous ne pensons pas qu'ils soient de beaucoup supérieurs aux résultats très-remarquables obtenus par les troupes suisses. Ces dernières utilisent leur armement de la manière la plus fructueuse, et jusqu'à 800 et 1,000 mètres le tir suisse donne d'excellents résultats. On a tiré à 600 et 800 mètres sur trois cibles de $1^m,80$ de hauteur sur $2^m,70$ de largeur (front d'un peloton sur quatre rangs coude à coude), disposées l'une derrière l'autre à 47 mètres d'intervalle, de manière qu'une balle ne pouvait frapper qu'une cible de plein fouet. On a obtenu : 1° à 600 mètres, 84 p. 100 dans les trois cibles, dont 36 p. 100 dans la cible du milieu ; 2° à 800 mètres, 48 p. 100 sur l'ensemble des trois cibles et 21 p. 100 sur la cible du milieu.

A Thoune, les Suisses ont fait encore des essais comparatifs entre l'artillerie et l'infanterie. Le but représentant de l'infanterie se composait :

1° D'une ligne de tirailleurs de 60 mètres de développement avec 40 tireurs alternativement debout et à genou ; les cibles représentant les hommes debout avaient $1^m,80$ de hauteur sur $0^m,40$ de largeur ; celles figurant les tireurs à genou, $1^m,15$ de longueur sur $0^m,40$ de large ;

2° A 30 mètres en arrière, à droite et à gauche, et à 15 mètres

---

1 *Revue militaire de l'Étranger*, n° 339 (24 fevrier 1877).

en dedans des ailes, deux sections représentées chacune par six cibles de $1^m,80$ de haut sur $0^m,40$ de large, à $0^m,24$ d'intervalle entre chacune;

3° A 100 mètres plus loin et au centre de la ligne, une réserve figurée par 18 cibles de $1^m,80$ sur $0^m,40$ de large, sur $0^m,40$ placés à peu près côte à côte et occupant un espace de 12 mètres;

4° Enfin, un commandant de compagnie, à cheval, à gauche et un peu en avant de la réserve (cible de $2^m,80$ de hauteur sur 1 mètre de large).

Le but d'artillerie comprenait d'abord une première ligne de 4 pièces en batterie avec ses servants à pied, les chefs de pièce, de section et de batterie à cheval; ensuite une deuxième ligne d'avant-trains avec les attelages et les servants.

113 tireurs, divisés en 4 sections, choisis parmi les meilleurs tireurs de l'école des cadets, brûlèrent, à 800 mètres de la première ligne, en 20 minutes, 9,437 cartouches sur le dispositif d'infanterie et 10,227 cartouches sur le dispositif d'artillerie. Les sections tiraient alternativement par feux de tirailleurs individuels et par salves de sections. La vitesse moyenne de tir a été à peu près de 5 coups par minute et par homme.

Sur le dispositif d'infanterie, le nombre total des touchés a été de 759, soit 8,1.

Ce résultat, assez peu satisfaisant, aurait pu l'être davantage si, pendant les 15 premières minutes, le vent n'avait pas renversé 37 cibles.

Sur le dispositif d'artillerie, le nombre total de touchés a été de 2,686, soit 26,2 p. 100.

En présence de ce dernier résultat, on peut admettre qu'une batterie ne pourrait pas tenir longtemps à une distance de 800 à 900 mètres d'une bonne infanterie, sans voir tous ses attelages mis hors de service au bout de très peu de temps.

Bavière. — Avant les Suisses, les Bavarois avaient exécuté au polygone de Lechfeld, avec le fusil Werder, un tir sur les mêmes buts (dans le même temps, 20 minutes, avec le même nombre de tireurs, mais à 750 mètres seulement au lieu de 800).

Sur le but d'infanterie, on brûla, une première fois, 8,874 cartouches, qui donnèrent 2,730 touchés, soit 31 p. 100; et, une deuxième fois, 8,387 cartouches, qui touchèrent 2,545, soit 30 p. 100 environ.

Sur le but d'artillerie, on brûla d'abord 8,482 cartouches, qui touchèrent 2,583, soit 30,45; puis 8,616 cartouches, qui n'atteignirent que 1,548, soit 18,08.

La vitesse moyenne de tir fut d'un peu moins de 4 coups à la minute par homme.

On sait que le fusil bavarois Werder, du calibre de 11 millimètres, emploie un projectile de 22 grammes à la charge de 4g,30, dont le tir correspond balistiquement au projectile de 20 grammes, charge de 4 grammes, du calibre suisse 10mm,4. Il est utile de faire ressortir que les expériences faites à Thoune et à Lechfeld ont eu lieu à une distance connue, avec une hausse unique, dans un polygone que les tireurs connaissaient probablement déjà.

Angleterre. — En Angleterre, on a fait au polygone de Schœburyness, en 1870, des expériences comparatives entre des mitrailleuses de divers modèles, des canons de campagne et les fusils anglais Martini et Snider. Le fusil Martini se montra supérieur au fusil Snider après 700 à 800 mètres. Ceci n'a rien qui doive surprendre, connaissant la supériorité de justesse et surtout de tension du fusil Martini, arme neuve de 11mm,4, sur le fusil Snider, arme transformée du calibre 14mm,8. De ces expériences très-intéressantes nous n'extrairons que ce qui concerne le fusil Martini. Malheureusement, le petit nombre de tireurs (six fusiliers écossais de la garde) ne permet pas d'en déduire des résultats aussi concluants que ceux des expériences françaises, bavaroises et suisses. Le tir de six hommes peut varier extraordinairement, selon que l'on choisit des tireurs d'élite ou que l'on prend des hommes au hasard. Il est probable cependant que les tireurs, vu leur petit nombre, devaient être choisis.

1re *expérience.* — Tir à volonté pendant deux minutes sur une ligne de panneaux de 1m,80 de hauteur sur 82m,20 de base représentant 150 hommes en ligne. A 730 mètres, les fusiliers ont tiré 136 coups, soit près de 11 coups 1/2 par homme et par minute et touché le but 31 fois seulement, soit 1 p. 100 de 22,7.

A 914 mètres, ils ont tiré 124 coups et atteint le but 30 fois. Le pour cent, 24,3, est donc supérieur à celui obtenu précédemment. La vitesse de tir est un peu moins forte, mais elle est encore de 11 coups par homme et par minute.

2e *expérience.* — Tir à volonté pendant 1',50" sur le même but que dans la première expérience.

A 730 mètres, on a brûlé 117 cartouches et obtenu 55 coups dans le but, soit un pour cent de 47. Ce résultat est très-supérieur à celui obtenu dans la première expérience sur le même but et à la même distance.

La vitesse de tir est cependant toujours aussi grande, soit 11 coups par homme et par minute.

3e *expérience.* — Tir à volonté, pendant 2 minutes, sur des panneaux de 16m,50 de base sur 1m,80 de hauteur, au nombre de trois, les uns derrière les autres, espacés entre eux de 20 mètres environ.

A 1,100 mètres, sur 119 coups, on obtient jusqu'à 42 coups dans les trois panneaux (16 dans le premier, 12 dans le deuxième et 14 dans le troisième), soit un pour cent total très-satisfaisant de 35,2.

Cependant la vitesse de tir ne descend pas au-dessous de 10 coups par homme et par minute. Si l'on remarque que la largeur du panneau, pendant les deux premières expériences, est suffisante pour annuler complètement l'écart en largeur et que la distance était exactement connue, on trouvera peut-être qu'avec une arme aussi précise que le fusil Martini les résultats de justesse auraient pu être meilleurs.

Mais il importe de remarquer que le tir a été très-rapide. En effet, les Bavarois n'ont tiré que 4 coups à la minute, les Suisses 5, tandis que les Anglais ont tiré constamment 10, 11 et 11 coups 1/2, c'est-à-dire que si les Bavarois et les Suisses ont tiré lentement et ont fait un tir ajusté sans se presser, au contraire les Anglais ont exécuté un véritable tir de champ de bataille, en chargeant très vite et en ajustant très rapidement. Les résultats de ce dernier tir seraient de beaucoup les plus pratiques si, au lieu de six tireurs choisis, on en avait pris au moins une centaine suffisamment exercés.

Enfin, dans une dernière série d'expériences, les Anglais ont voulu connaître les effets du tir à des distances inconnues. Sur un terrain inégal, on a disposé 134 poupées ou mannequins de grandeur naturelle placés sur un front de 90 mètres de long et une profondeur moyenne de 32 mètres. Ce dispositif figurait de l'infanterie rompue et en retraite, l'aile gauche en arrière.

On tira dans trois positions différentes, à des distances inconnues. Ces distances étaient appréciées par les officiers commandants, que l'on changeait à chaque position.

1re *position* (distance exacte, 370 mètres).

Durée du tir, 2',30";
Nombre de coups tirés, 148;
Vitesse de tir (par homme et par minute), un peu moins de 10 coups;
Nombre de coups touchés, 45;
Pour cent, 30,4.

2e *position* (distance, 610 mètres).

Durée du tir, 2',30";
Nombre de coups tirés, 133;
Vitesse de tir, un peu moins de 9 coups;
Nombre de coups touchés, 37,
Pour cent, 27,7.

3e *position* (distance, 800 mètres).

Durée du tir, 2',30";
Nombre de coups tirés, 110;
Vitesse de tir, 7 coups 1/2 environ;
Nombre de coups touchés, 28;
Pour cent, 25,4.

On remarquera que dans cette dernière série d'expériences, la vitesse de tir est inférieure à celle des expériences précédentes et qu'elle descend graduellement de 10 coups à 7 coups 1/2 à la minute par homme. Cet effet provient de ce que les tireurs ont dû prendre le temps nécessaire pour apprécier la distance et disposer la hausse.

Les résultats obtenus sont fort beaux et relativement bien meilleurs à 800 mètres qu'à 600, et surtout à 374 mètres. Ils mettent en relief la plus sérieuse des qualités du fusil anglais : la supériorité de sa tension de trajectoire. En opérant ainsi, les Anglais se sont montrés très-pratiques. Les expériences faites à des distances connues d'avance ne font ressortir que la justesse de l'arme. Or, des indications qui précèdent, nous pouvons conclure que pratiquement toutes les armes de guerre ont la même justesse entre les mains d'une troupe, et que la valeur des résultats dépend beaucoup plus de l'instruction de la troupe que de l'arme elle-même. Mais il n'en est plus de même si nous faisons entrer en ligne de compte la tension de la trajectoire. A des distances inconnues, celle-ci aura une influence énorme sur les résultats. Deux armes, tirées par les mêmes tireurs, donneront des résultats très-différents suivant que la courbure de leurs trajectoires permettra une erreur de hausse plus ou moins forte. Si aux distances inférieures à 400 mètres la tension de trajectoire permet de diminuer le nombre de lignes de mire fixes, à 800 et à 1,000 mètres elle permet de commettre plus d'erreurs sur l'appréciation de la distance, appréciation qui rencontre de grandes difficultés sur un champ de bataille.

CONCLUSIONS.

Pour apprécier complètement la valeur pratique de l'armement européen et en ne considérant que les deux extrêmes, il y a lieu de poser les questions suivantes :

1re *question*. — Peut-on admettre l'efficacité du tir en guerre après 1,000 à 1,200 mètres jusqu'à la limite de la portée efficace?

2e *question*. — Doit-on admettre, au contraire, que 1,200 mètres étant la distance maximum où on peut espérer un effet utile convenable, le feu de l'infanterie, redoutable à 600 et à 800 mètres, n'est réellement décisif qu'en deçà de 400 mètres?

Les expériences de polygone ne nous donnent pas les moyens de répondre à ces deux questions, qui ne sont pas des questions de science balistique, mais des questions de tactique.

L'expérience de la guerre peut seule permettre de les résoudre, et jusqu'ici la guerre de 1870-71 et la guerre turco-russe semblent démontrer qu'après 1,000 mètres et au plus 1,200 mètres il ne faut pas compter, en général, sur l'efficacité du tir de la masse de l'infanterie. N'en déplaise à ceux qui ne voient que l'outil, nous regardons, avant tout, l'ouvrier qui est appelé à s'en servir, et nous résolvons négativement la première question, jusqu'à preuve du contraire.

Limitant donc le tir à 1,000 mètres et au plus à 1,200 mètres, si l'on nous demande quelles sont nos préférences pour telle ou telle arme, nous répondrons :

1° Le fusil anglais est supérieur à tous comme tension de trajectoire, mais il a une cartouche trop lourde.

Les fusils français, autrichien, prussien et russe le serrent de très-près et peuvent être considérés comme ayant la même valeur pratique que le fusil anglais.

Le fusil suisse excepté, les autres armes européennes ont une légère infériorité sur les armes énumérées précédemment. Cette infériorité est compensée, surtout dans le fusil italien, par une cartouche plus légère. Mais, dans le fusil suisse, l'existence du mécanisme à répétition augmente singulièrement la valeur de l'arme. Telle qu'elle est, nous la considérons comme l'égale du fusil anglais dans la majorité des circonstances qui se présentent à la guerre, et comme supérieure dans quelques cas spéciaux. Si les Suisses avaient pu appliquer leur cartouche au fusil Winchester, ils auraient eu une arme sans rivale. En effet, si le Wetterli pouvait, comme le Winchester, tirer 15 coups de suite en 40 secondes sans sortir l'arme de l'épaule, sa valeur serait supérieure à celle de toutes les armes à chargement simple, y compris le fusil anglais. N'oublions pas, en outre, que sur un champ de bataille le Wetterli dispose de près de 100 cartouches pour un poids de 10 kilos, tandis que le fusil anglais n'en a que 60. Après un combat d'une certaine durée, quand les deux infanteries auront tiré chacune 50 coups par homme, il restera encore dans la cartouchière 50 coups aux Suisses et 10 seulement aux Anglais. Si ceux-ci n'ont pas le temps de renouveler leurs munitions, en admettant que de 1,000 à 500 mètres la supériorité balistique de leur arme ait infligé des pertes sérieuses à leurs adversaires, en revanche ceux-ci fourniront, en deçà de 400 et

500 mètres, un feu très-nourri. Dans l'état actuel, il faut peu de chose au Wetterli pour devenir la meilleure arme de l'Europe.

Les Suisses n'ont qu'à augmenter de 5 ou 6 grammes seulement le poids de leur nouvelle cartouche, en employant une balle de 22 à 23 grammes et une charge de 4g,50 à 4g,75. Leur arme, comme tension et justesse, deviendra l'égale du fusil anglais jusqu'à 1,000 mètres. Il lui restera l'avantage du mécanisme, avantage positif et indiscutable, quoiqu'on puisse en dire.

En d'autres termes, nous croyons que le fusil à répétition est le type perfectionné vers lequel marche l'armement européen. Lorsque l'expérience de quelques guerres aura fixé la limite de l'efficacité du tir de l'infanterie sur le champ de bataille, les inventeurs de fusils à répétition chercheront à tirer une cartouche allégée le plus possible, en prenant pour type la cartouche suisse, et réduiront le calibre, qui descendra probablement entre 9 et 10 millimètres, tout en conservant 20 grammes pour le poids du projectile. On augmentera ainsi notablement la tension de trajectoire, si la vitesse initiale ne descend pas au-dessous de 450 mètres.

On emploiera un mécanisme à répétition permettant de loger 12 à 15 coups dans le magasin et de tirer l'arme sans la sortir de l'épaule, en même temps que tous les efforts tendront à simplifier le mécanisme. Cet armement n'aura pas sur l'armement moderne la supériorité de celui-ci sur l'ancienne arme à chargement par la bouche, mais la nation qui l'emploiera la première se donnera par là un avantage sérieux.

En un mot, nous sommes partisan de l'arme à répétition le jour où *sa puissance balistique sera égale à celle de l'armement à chargement simple.* Quant à l'objection spécieuse de la plus grande dépense de munitions, elle ne supporte pas l'examen et tombe devant la réalité des faits. Le seul reproche qu'on puisse adresser à l'arme à répétition, c'est que son mécanisme est plus compliqué et d'un entretien plus minutieux que celui du fusil ordinaire. Mais ce reproche disparaîtra, car l'art de l'armurier n'a pas dit son dernier mot.

Quoi qu'il en soit, pour clore ce travail, c'est évidemment de l'usage intelligent qui sera fait de l'arme de guerre actuelle que dépendra, en grande partie, l'efficacité du tir sur le champ de bataille. L'outil a la même valeur moyenne. Si l'ouvrier est habile, les résultats seront bons; s'il est maladroit, les résultats seront très médiocres. Toute la question est là.

Nous pouvons donc affirmer avec plus de force l'opinion suivante, que nous avons déjà émise dans l'*Armement de l'infanterie française :*

« Sur les champs de bataille de l'avenir, aucune des infanteries européennes n'aura, comme armement, de supériorité décisive. La victoire restera à celle dont l'instruction de tir sera meilleure et qui saura employer son feu de la manière la plus judicieuse. C'est à nous, officiers d'infanterie, qu'incombe la mission d'exercer nos soldats et de les instruire, pour atteindre le desideratum des armées modernes. »

L'étude des moyens qu'on doit employer pour perfectionner le feu de l'infanterie française n'entre pas dans le cadre de ce travail. Il formera l'objet d'un travail spécial, que nous espérons pouvoir publier dans quelque temps.

CHAPITRE VI.

Fusil à répétition de la marine française.

Ce travail était presque complétement terminé dans le courant de 1878, lorsque le *Mémorial de l'artillerie de la marine* a inséré (2e livraison du tome VI) le récit détaillé des expériences faites à Cherbourg par le département de la marine, dans le but de rechercher un modèle de fusil à répétition destiné à remplacer le fusil mle 1866.

Après avoir énuméré les défauts graves de cette dernière arme, le *Mémorial de l'artillerie de la marine* examine les raisons particulières qui ont porté la marine à ne pas suivre constamment les errements du ministère de la guerre.

Quoique le fusil mle 1874 eût été adopté provisoirement pour l'armement de l'infanterie de la marine, le département de la marine a voulu faire un pas en avant dans la voie du progrès, en adoptant un fusil à répétition pour l'armement des équipages de la flotte.

Avant de relater les expériences faites sur divers modèles d'armes à répétition, le *Mémorial* cherche d'abord à réfuter les objections spécieuses faites par divers auteurs, et notamment le colonel Capdevielle, sur l'emploi des armes de cette catégorie.

Ces objections peuvent se résumer ainsi :

1° Consommation exagérée des munitions;

2° Illusion complète sur l'efficacité réelle d'un tir à répétition précipité;

3° Mécanisme délicat à entretenir et à réparer;

4° Arme trop lourde.

Le *Mémorial*, après avoir discuté complètement les opinions des adversaires et des partisans du fusil à répétition, a parfaitement réussi dans sa tâche.

C'est avec le plus vif intérêt que nous avons suivi cette discussion, car nous sommes partisan depuis longtemps des armes à répétition.

Dans un précédent travail (l'*Armement de l'infanterie française*), nous avons déjà comparé le fusil m[le] 1874 avec une arme à répétition : le Winchester. Après un examen détaillé de la valeur balistique de chacune de ces deux armes, nous avons donné la préférence au fusil m[le] 1874, en nous basant sur l'infériorité de tension et de portée du fusil à répétition, infériorité qui était loin d'être compensée par une rapidité de tir plus grande.

Nous terminions en ces termes : « Ces armes à répétition ne pourront être acceptées pour l'armement général que le jour où leurs qualités balistiques seront égales à celles des meilleurs modèles à chargement simple. »

Dans les chapitres précédents de cet opuscule, après avoir comparé le fusil anglais et le fusil suisse au m[le] 1874, et tout en faisant ressortir les avantages incontestables des deux fusils à chargement simple, nous avons cependant admis que, pour le tir en deçà de 500 mètres, le mécanisme à répétition du fusil suisse augmentait de beaucoup la valeur de cette arme. Dans le cas d'un tir de guerre limité à 1,200 mètres, nous avons même donné la préférence au fusil à répétition.

A fortiori, sommes-nous d'avis que dès l'instant que l'arme à répétition aura la même valeur balistique que l'arme à chargement simple, elle lui devient par cela même fort supérieure.

Cette condition d'une valeur balistique égale à celle du fusil m[le] 1874 était inscrite en tête des conditions suivantes exigées des fusils mis à l'essai par le département de la marine :

1° Tirer la cartouche métallique du département de la guerre;

2° Avoir la même tension de trajectoire et la même justesse que le fusil m[le] 1874;

3° Avoir la faculté de pouvoir être utilisés comme une arme ordinaire, ou en d'autres termes de permettre très simplement et très vite de passer du tir à répétition au tir coup par coup, et réciproquement;

4° Être solides, ne pas exiger de soins trop délicats, n'être exposés à aucune avarie du mécanisme à répétition susceptible d'immobiliser l'arme dans le tir coup par coup, être démontés, nettoyés et remontés sans difficulté.

Trois armes seulement remplissant ces conditions furent présentés à la commission : le Hotchkiss, le Krag et le Kropatschek. Ces trois armes sont décrites avec le plus grand détail dans le *Mémorial*.

Les expériences durèrent pendant tout l'hiver de 1877-78, du 6 novembre au 3 avril. Nous nous contentons d'en donner ici un résumé succinct.

Les points principaux que le programme des essais prescrivait d'étudier étaient :

1° S'assurer que toutes les armes en expérience avaient, coup par coup, le même tir que le fusil m^le 1874 (justesse, tension de trajectoire, vitesse de tir).

2° Déterminer avec des matelots des équipages et des soldats d'infanterie de la marine, les vitesses pratiques du tir coup par coup et du tir à répétition.

On devait chercher à obtenir des résultats qui pussent être reproduits par des troupes disciplinées et exercées, tout en évitant ces vitesses exagérées et purement de fantaisie que réussissent à réaliser des tireurs exceptionnels, mais qui n'ont rien à faire dans une discussion sérieuse.

Afin même d'empêcher les hommes d'escamoter le temps nécessaire pour viser, le nombre des balles ayant atteint les panneaux placés devant les tireurs était toujours relevé.

La comparaison des vitesses et des effets utiles, coup par coup et à répétition, devait fournir tous les éléments d'appréciation.

3° S'assurer que les cartouches m^le 1874 contenues dans le magasin ne présentent aucun danger, soit pendant le tir, soit pendant les manœuvres, soit par suite de chocs accidentels.

Étudier les déformations des balles dans le magasin et l'influence de ces déformations sur le fonctionnement du mécanisme de répétition et sur la justesse du tir.

4° Mettre en évidence la solidité des armes dans le tir réel et dans le tir à blanc, leur résistance à l'oxydation, à la poussière, etc.

A la suite de ces expériences, le fusil Kropatschek fut reconnu comme le meilleur des trois. Comme il a été adopté à la suite du rapport présenté par la commission, nous laisserons de côté dans ce qui suit les fusils Krag et Hotchkiss.

Nous nous contenterons d'extraire de ce rapport de la commission ce qui seulement est relatif à la comparaison du fusil m^le 1874 avec le fusil Kropatschek, afin de mettre bien en relief les qualités qui ont fait adopter ce dernier pour l'armement des équipages de la marine.

Le rapport de la commission, très-développé et très-détaillé, ne peut trouver place ici. Les fusils Hotchkiss et Krag n'étant entrés dans l'armement général d'aucune infanterie européenne, nous renvoyons à ce rapport le lecteur désireux de connaître le détail complet des expériences.

TIR COUP PAR COUP.

Justesse comparative du fusil Kropatschek et du m[le] 1874. — Ce tir avait pour objet de s'assurer que la valeur balistique du Kropatschek ne différait pas sensiblement de celle du fusil m[le] 1874.

Les tirs furent exécutés sur appui aux distances de 200, 400, 600, 800 et 1,000 mètres, le magasin du Kropatschek étant vide et fermé. Les tireurs de la commission, choisis parmi les matelots de la division des équipages de Cherbourg et les soldats d'infanterie de la marine, étaient d'adroits tireurs; toutefois, les résultats obtenus, comparables entre eux, ne sauraient être rapprochés de ceux que les officiers des commissions de tir de la guerre, beaucoup plus exercés, peuvent obtenir. En outre, on ne doit pas perdre de vue que le polygone de Cherbourg est complétement à découvert, et que presque tous les tirs ont été exécutés par de mauvais temps. Le tableau suivant résume les résultats obtenus. On n'a pas donné les résultats des distances de 800 et de 1,000 mètres, parce que les écarts correspondant à ces distances n'ont eu aucune valeur, par suite des conditions matérielles du tir à ces distances. En effet, la cible avait des dimensions très-réduites, surtout en hauteur; les hausses, mal graduées, rendaient très-longues et très-difficiles la recherche de la ligne de mire à employer. La ligne de mire étant déterminée, les écarts étaient nécessairement pris sur les coups arrivant dans la cible, en faisant abstraction de ceux qui n'avaient pas atteint; ces écarts ne représentaient donc pas la justesse de l'arme.

Ainsi à 1,000 mètres, avec le fusil m[le] 1874, dans trois séances, pour mettre 20 balles dans une cible de 12 mètres de largeur sur 4 mètres de hauteur, on a dû tirer 86 coups pour la première série, 95 pour la seconde, 72 pour la troisième.

Justesse comparative du fusil modèle 1874 et du Kropatschek.

TIR SUR APPUI.

DISTANCES.	ÉCARTS MOYENS VERTICAUX.		ÉCARTS MOYENS HORIZONTAUX.	
	Fusil modèle 1874.	Fusil Kropatschek.	Fusil modèle 1874	Fusil Kropatschek.
	cent.	cent.	cent.	cent.
200 mètres..........	24	26	19	21
400 —	16	39	44	39
600 —	73	54	58	64
Moyenne pour les trois tirs..............	47	40	40	41

Vitesse du tir coup par coup. — Effet utile.

On se proposait de comparer les vitesses coup par coup et les effets utiles du Kropatschek et du m^{le} 1874.

On relevait le nombre de balles mises dans une cible circulaire ayant 1^{m},50 de diamètre. Le magasin était vide ou chargé; les tireurs étaient : ou en tenue de campagne, prenant les cartouches dans la cartouchière; ou non équipés, prenant les cartouches sur une table.

On sait que la vitesse et l'effet utile du tir sont les nombres de balles tirées et mises dans la cible par 100 hommes dans une minute. Il y a deux façons de calculer cette vitesse, et par suite l'effet utile :

La vitesse théorique est celle qu'on obtient avec des hommes non équipés, prenant sur une table des cartouches disposées d'avance.

La vitesse pratique est celle qu'on obtient avec des hommes en tenue de campagne, prenant des cartouches dans la cartouchière.

L'effet utile théorique ou pratique se rapporte au tir exécuté avec la vitesse théorique ou pratique.

Le tableau suivant donne les résultats moyens obtenus:

ARMES.	MAGASIN.	VITESSE		RAPPORT de la vitesse pratique à la vitesse théorique	EFFET UTILE	
		théorique.	pratique.		théorique.	pratique.
Fusil m^{le} 1874.	»	1,138	903	0,79	377	337
Kropatschek...	Vide.	1,228	978	0,80	525	310
Kropatschek...	Chargé.	1,387	1,037	0,75	445	443

On voit que les vitesses coup par coup du Kropatschek, le magasin étant vide ou chargé, peuvent être considérées comme au moins égales, sinon supérieures, à celles du fusil m^{le} 1874. Le magasin chargé n'exerce aucune influence nuisible sur le tir de l'arme coup par coup : au contraire, la vitesse est un peu plus grande. C'est ce qui a été prouvé par des expériences particulières. Mais comme les différences sont faibles, on est seulement autorisé à conclure qu'avec le magasin chargé la vitesse du tir coup par coup n'est nullement retardée.

TIR A RÉPÉTITION.

Le temps moyen nécessaire pour remplir le magasin du Kropatschek est de 19″, ce qui fait 2″,35 pour le chargement des 8 coups contenus dans le mécanisme à répétition. Le temps minimum a été trouvé de 17″, soit une durée minimum de 2″,12 par cartouche.

On a cherché ensuite la comparaison des vitesses de tir et des effets utiles dans le tir à répétition et le tir coup par coup, le magasin étant vide, pendant le temps nécessaire pour vider le magasin.

ARME.	CIBLE.	DISTANCE.	VITESSE DE TIR.		RAPPORT des deux vitesses.	EFFET UTILE.		RAPPORT des deux effets utiles.
			Coup par coup	A répétition.		Coup par coup	A répétition.	
Kropatschek.	2m sur 2m	200	1,279	2,194	1,95	1,279	2,402	1,88

De ce tableau on a déduit, par un calcul très simple, le tableau suivant, qui représente les résultats qu'on pourra obtenir sur un champ de bataille en supposant un bataillon de 1,000 hommes armés du fusil Kropatschek et tirant coup par coup ou à répétition :

ARME.	DURÉE MOYENNE nécessaire pour vider le magasin.	NOMBRE DE CARTOUCHES TIRÉES PENDANT CETTE DURÉE par un bataillon de 1000 hommes.	
		Coup par coup.	A répétition.
Kropatschek...	16″, 84	3,590	7,000

Tous les tirs à répétition furent exécutés par les soldats et les matelots mis à la disposition de la commission d'expériences; ces hommes étaient en tenue de campagne et procédaient comme ils auraient pu faire sur un champ bataille, s'ils avaient conservé le même calme qu'au polygone. Les résultats obtenus ne doivent donc pas être comparés avec ceux qu'il serait facile d'obtenir avec des hommes exercés d'une manière toute spéciale; ils représentent seulement ce que des matelots ou des soldats convenablement instruits peuvent réaliser.

La commission chercha même à se rapprocher davantage encore des conditions de combat. On fit la comparaison du nombre de coups tirés par une chaîne de tirailleurs en marche surpris par le commandement de : *Commencez le feu.* Les uns tiraient coup par coup, les autres à répétition.

Chaque homme tira 8 cartouches dans le tir à répétition et 4 coups 1/2 dans le tir coup par coup.

Le magasin permet donc à un moment donné de doubler presque le nombre de coups tirés par une troupe, ce qui peut avoir une influence prépondérante sur l'issue du combat. Il était intéressant d'étudier également s'il était plus avantageux pour l'homme, une fois son magasin épuisé, de tirer coup par coup que de charger son magasin pour tirer à répétition, recharger son magasin, et ainsi de suite, ce qui d'ailleurs paraît évident *à priori*.

Pour exécuter ces tirs, un homme tirait une arme coup par coup; un autre, avec une autre arme, commençait à charger le magasin au moment où le premier tireur ouvrait le feu; il tirait toutes les cartouches du magasin, rechargeait le magasin, tirait de nouveau, et ainsi de suite. Le premier tireur continuait pendant tout ce temps le tir coup par coup. On arrêtait le tir lorsque le quatrième magasin était épuisé.

On trouva pour le tir coup par coup une vitesse de 1180 et un effet utile de 880. Pour le tir à répétition intermittent une vitesse de 919 et un effet utile de 637.

Cette expérience et les précédentes permettent donc de réduire à néant l'objection spécieuse que le fusil à répétition consommera une bien plus grande quantité de cartouches que le fusil à chargement simple. Cette consommation se réduit à quelques coups. Si le soldat consomme son magasin avant le moment voulu, il aura plus d'avantage à continuer le tir coup par coup et il se trouvera ainsi dans les mêmes conditions que si son arme était à chargement simple. Quant au temps employé à la consommation du magasin, il a été trouvé en moyenne de 19″ et au minimum de 14″ pour quelques tireurs très exercés et très adroits.

Donc, si le magasin du fusil à répétition ne rend pas de services, il ne peut jamais nuire, même avec des troupes inexpérimentées. Quant aux bonnes troupes qui réserveront le feu du magasin pour le combat rapproché, elles verront la puissance de ce feu doublée au moment opportun par l'emploi du magasin.

SÉCURITÉ DU MAGASIN.

Sécurité du magasin dans le tir. — Il était nécessaire de s'assurer que les chocs subis par les cartouches du magasin, par suite des réactions dues à un tir précipité coup par coup, n'étaient pas susceptibles de produire l'inflammation de l'amorce d'une de ces cartouches; on se servit d'abord de fausses cartouches chargées au charbon et amorces, et ensuite de cartouches réglementaires.

Le magasin reçut successivement trois séries de fausses cartouches, et l'on fit supporter à chaque série un tir de cent coups à bras francs et sans interruption. Les séries différaient entre elles par l'épaisseur du couvre-amorce, qui était d'abord celle réglementaire, puis réduite à la moitié, et enfin réduite au tiers.

Les cartouches furent ensuite extraites du magasin. On constata qu'aucune amorce n'avait fonctionné et que les petits chocs répétés, subis par les cartouches du magasin, n'avaient pas réduit le fulminate de leurs amorces en poussière.

On chargea ensuite le magasin de cartouches réglementaires, et l'on fit subir à l'arme un premier tir coup par coup de 50 cartouches, et un deuxième de 100 ; ensuite les cartouches du magasin étaient tirées à répétition, le plus rapidement possible.

On fit également des tirs de 100 coups avec des magasins remplis de 5, 4 et 3 cartouches réglementaires. On constata que dans tous les tirs la sécurité du magasin était complète.

Sécurité du magasin dans la manœuvre.—On remplit les magasins de deux fusils Kropatschek de cartouches réglementaires, qui supportèrent pendant huit jours des exercices variés : maniement d'armes, charges et feux simulés, escrime, manœuvres en ordre dispersé et à toutes les allures.

Aucun accident ne vint inspirer de doutes sur la sécurité du magasin en pareils cas.

Sécurité du magasin sous l'influence des chocs accidentels. — On laissa tomber une arme d'abord de 1 mètre, puis de $1^m,50$, sur un pavé très-dur. L'arme tombait alternativement sur la crosse et sur la bouche du canon.

Les magasins étaient chargés de fausses cartouches dont les couvre-amorces avaient un tiers de l'épaisseur réglementaire.

On fit à plusieurs reprises supporter deux chocs à la même série de fausses cartouches.

On constata que les amorces étaient restées intactes.

Sécurité du magasin sous l'influence du tir de cartouches défectueuses. — Des cartouches réglementaires remplissant le magasin, on s'assura à plusieurs reprises que les crachements les plus exagérés n'avaient aucune action sur elles.

Déformation des cartouches du magasin. — Dans le tir coup par coup, les secousses du recul produisent sur les cartouches certaines déformations. On pouvait craindre que ces déformations ne fussent capables d'empêcher, à un momant donné, le fonctionnement du mécanisme de la répétition et d'altérer la justesse du tir.

Des expériences particulières, entreprises dans ce but, démontrèrent :

1° Que les cartouches du magasin diminuaient de longueur, et que cette diminution était plus grande pour les cartouches voisines de l'entrée du magasin;

2° Que cette diminution coïncidait avec un aplatissement de la partie antérieure de la balle, dont l'ogive pointue était remplacée par un méplat de 6.5 à 7.5, après un tir de 100 coups.

Influence de la déformation des cartouches sur le fonctionnement du magasin. — Le fonctionnement du magasin n'a jamais été altéré en rien par la déformation des cartouches avec le fusil Kropatschek muni d'un arrêt de cartouche.

Ces cartouches déformées n'ont aucune influence sur la justesse du tir.

On tira en effet dans le fusil m^{le} 1874 des cartouches dont les balles étaient devenues presque cylindriques.

Ces résultats de justesse à 200, 300 et 400 mètres, furent tout à fait comparables à ceux qu'on obtient avec des cartouches régulières.

Influence des crachements sur le fonctionnement du mécanisme.—Les étuis de cartouches réglementaires avaient été limés, afin de produire des crachements, soit par des ruptures longitudinales, soit par des ruptures au bourrelet. Un écran permettait de recevoir les crachements en arrière et sur les côtés.

Le fusil Kropatschek résista parfaitement à de semblables épreuves; l'intensité des crachements est beaucoup atténuée par la détente des gaz dans la grande capacité vide de l'auget et par les dégagements ménagés à la tête mobile.

Influence de l'oxydation. — Les armes qui avaient subi le tir des cartouches donnant des crachements ne furent pas nettoyées pendant cinq jours, et durant chacun des trois premiers elles supportèrent un tir de 100 coups. Dans l'intervalle, elles étaient déposées dans un lieu découvert, et, à défaut de pluie, arrosées de temps en temps à l'eau douce.

Au début du troisième jour, le fonctionnement des armes était pénible, mais pouvait être obtenu assez rapidement. Les deux derniers jours, ces armes furent placées sur *le Colbert* pour être exposées à l'air et aux brumes de la mer. Elles reçurent par surcroît, pendant ce temps, l'eau qui tombait des hamacs tendus sur les ceintures.

Pas une arme n'était en état de faire feu immédiatement ; l'ouverture de la culasse était difficile, le piston en bois du magasin était gonflé et ne pouvait plus fonctionner.

Ces épreuves, par suite de l'accident des hamacs, furent beaucoup trop sévères, et il est bien certain qu'aucun des fusils en service ne saurait actuellement, tant en France qu'à l'étranger, les supporter.

Quoi qu'il en soit, aucun des fusils Kropatschek soumis à ces épreuves ne fut assez détérioré pour exiger d'autres réparations qu'un grand nettoyage.

Poussière. — Un fusil, après un tir de 10 coups et sans avoir été nettoyé, fut soumis pendant 4 heures à une poussière artificielle très intense. Les magasins étaient vides et les culasses mobiles fermées. Après un nettoyage rapide à la main, on fit un tir de 10 coups à répétition qui ne donna lieu à aucune observation.

Ratés. — Enfin, il fut constaté que sur 34 ratés du premier coup avec le fusil Kropatschek, 16 repartirent avec l'arme, ce qui porte seulement à 18 sur 60-69 le nombre des ratés, soit 0,28 p. 100.

Cette proportion de ratés était plus grande que celle donnée par le fusil m^le 1874.

Le fusil Kropatschek devrait donc avoir des ressorts de percuteur un peu plus énergiques.

RÉSUMÉ DES AVANTAGES ET DES INCONVÉNIENTS DU FUSIL KROPATSCHEK.

Dans ce résumé, il n'est question que du fusil Kropatschek dit modifié, c'est-à-dire ayant reçu un arrêt de cartouche, qui s'est montré supérieur au premier modèle présenté par l'inventeur. D'ailleurs, dans les expériences relatées plus haut, il n'a été également question que de ce fusil modifié.

Avantages. — La culasse mobile est presque identique à celle du fusil m^le 1874 ; elle a donc les mêmes avantages et les mêmes inconvénients que cette dernière.

Le fonctionnement du magasin dans l'arme modifiée a été irréprochable ; les cartouches peuvent avoir des longueurs variant entre 68 et 78 millimètres sans qu'il en résulte aucun inconvénient.

L'arme contient six cartouches dans le magasin, une dans l'auget, une dans le canon ; total : huit cartouches à tirer.

Inconvénients. — Le ressort d'auget est une pièce assez délicate ; en effet, l'arête de ce ressort et celle du talon de la queue de l'auget glissent à chaque coup deux fois l'une sur l'autre et finissent par s'user réciproquement. Il serait donc nécessaire d'avoir des ressorts d'auget de rechange. Quoi qu'il en soit, le fonctionnement de l'arme coup par coup n'est jamais interrompu; le fonctionnement même du magasin peut, à la rigueur, avoir lieu sans ressort d'auget; dans ce cas, le chargement du magasin est un peu ralenti et le fonctionnement à repétition n'est plus aussi régulier.

Le magasin est fixé directement au canon, et on est obligé de l'enlever en même temps que lui.

Le bois est très affaibli dans la partie correspondant au magasin.

La grenadière est mal fixée.

Le poids de l'arme est un peu fort; le modèle le plus léger pesait 4k,600, c'est-à-dire 400 grammes de plus que le fusil mle 1874.

ADOPTION DU FUSIL KROPATSCHEK.

Le 28 juin 1878, le Ministre de la marine et des colonies adopta comme fusil de la flotte le fusil Kropatschek modifié, c'est-à-dire avec addition d'arrêt de cartouche. On apportait seulement au modèle essayé divers changements de détail dont les principaux sont :

1° Magasin contenant 7 cartouches au lieu de 6, ce qui, avec la cartouche dans l'auget et celle dans le canon, fera 9 cartouches dans l'arme ;

2° Modifications pour empêcher les crachements d'atteindre l'œil du tireur ;

3° Suppression de la baguette ;

4° Tenon de l'épée-baïonnette placée sur l'embouchoir.

Le modèle adopté définitivement sera donc supérieur à celui qui a servi pour les expériences et dont le rapport de la commission a fait ressortir si judicieusement les qualités comme arme de guerre.

EXPÉRIENCES FAITES EN AUTRICHE SUR LE FUSIL KROPATSCHEK.

Nos lecteurs savent que M. Kropatschek, inventeur du fusil qui porte son nom, est major dans l'armée autrichienne. Avant d'être essayé en France, concurremment avec le fusil mle 1874, le fusil Kropatschek avait été comparé en Autriche avec le fusil Werdnl, dont toute l'infanterie autrichienne est armée.

Nous allons reproduire les diverses communications données par la *Revue militaire de l'Etranger* sur les expériences, notamment dans les numéros 377 et 432.

N° 377. — « Une question très importante, concernant l'armement de l'infanterie, est peut-être sur le point d'être prochainement résolue ; il s'agit de l'adoption du fusil à répétition, système Kropatschek. Un grand nombre de ces armes sont expérimentées en ce moment par le 21e bataillon de chasseurs, et, d'après ce que l'on sait déjà, les résultats obtenus auraient été des plus satisfaisants.

« Un tir comparatif exécuté avec le fusil Werdnl a démontré d'une façon tellement frappante la supériorité du fusil à répétition sur le fusil à un coup, qu'il nous semble particulièrement intéressant d'entrer à ce sujet dans le détail de quelques chiffres. En une demi-minute, un peloton de 30 hommes a pu exécuter 8 salves avec le Kropatschek et quatre seulement avec le Werdnl. On a mis en moyenne deux fois plus de balles dans les cibles avec le fusil à répétition qu'avec le fusil Werdnl. Les coups tirés en une minute avec le fusil Werdnl et avec le fusil Kropatschek employé comme arme à répétition ont été respectivement dans la proportion de 10, 13, 9 et 27,2 : autrement dit, la rapidité de tir du fusil Kropatschek, en utilisant le magasin, est deux fois trois quarts supérieure à celle du fusil Werdnl. Le mécanisme de l'arme à répétition a également fait ses preuves ; sa simplicité lui assure une grande solidité et les soldats apprennent très facilement à s'en servir, ce qui a été suffisamment constaté dans les nombreux tirs de campagne exécutés comme expériences. »

N° 432. — « Aujourd'hui, 29 novembre 1878, le 6e bataillon de chasseurs, stationné à Prague, vient d'exécuter un tir comparatif avec le fusil à répétition du major von Kropatschek et le fusil Werdnl. A cet effet, deux pelotons du 6e bataillon de chasseurs, en tenue de campagne, ont été armés, l'un du fusil Kropatschek, l'autre du fusil Verdnl.

« L'objet du tir était de mettre en parallèle les conditions de service des deux armes. L'avantage a été remporté par le fusil Kropatschek. Le tir du peloton armé de ce fusil a eu, comme résultat, une supériorité éclatante sur le tir, cependant très bon, de l'autre peloton. Pendant que le fusil Verdnl tirait de 7 à 8 coups par minute, le fusil à répétition fournissait en une demi-minute un feu de 10 coups, les hommes visant avec soin. La grande portée du fusil Kropatschek lui assure encore un autre avantage : sa hausse permet, en effet, de tirer à une distance de 2,200 pas, ce qui augmente singulièrement la valeur défensive d'une position fortifiée.

« Dans d'autres commandements militaires, on a également exécuté des expériences avec le fusil Kropatschek, et partout on a constaté des résultats très brillants. »

L'adoption du fusil Kropatschek par la marine française lui permet de compter en toute certitude sur les bons résultats qu'elle espère en retirer. Cette arme entre les mains des marins-fusiliers donnera à leur feu une prépondérance énorme sur celui des marins étrangers.

Il est probable que la marine adoptera également le Kropatschek pour son infanterie, pour les mêmes raisons qui lui ont fait donner cette arme à ses équipages.

Nous allons plus loin dans cette voie, et nous osons émettre le vœu de voir, dans un avenir prochain, toute l'infanterie française armée du fusil à répétition Kropatschek. Si les expériences faites à Cherbourg sur quelques armes ne paraissent pas assez concluantes, il est facile, dans les polygones des ports de guerre, de faire des expériences comparatives entre le Kropatschek et le Gras. Ce ne sera pour l'Etat qu'une dépense de quelques milliers de cartouches, puisque c'est la même qui sert pour les deux armes. Nous ne doutons pas un seul instant qu'il ne ressorte de ces expériences, dans lesquelles on chercherait autant que possible à se rapprocher des conditions de tir en campagne, la confirmation de la supériorité incontestable du Kropatschek. De là à la nécessité de son adoption il n'y a qu'un pas.

On pourra nous trouver téméraire de proposer un changement dans l'armement lorsqu'on vient à peine de terminer la fabrication du m^le^ 1874.

Mais, à ce sujet, nous ferons remarquer que, par une coïncidence heureuse, le fusil Kropatschek n'est pas autre chose que le fusil m^le^ 1874 muni d'un mécanisme à répétition; il est évident que le major Kropatschek s'est servi du fusil m^le^ 1874 comme point de départ. On peut donc transformer le fusil Gras en fusil à répétition par l'adjonction d'un magasin et de son auget, la transformation de la boîte de culasse et le remplacement du bois. Tout le reste n'est pas modifié et sert tel quel, notamment la culasse mobile. Nous ne pouvons pas donner ici le prix exact de cette transformation, mais nous ne pensons pas qu'elle dépasse 15 fr. ou au plus 20 fr. par arme. Dans tous les cas, nous ne croyons pas qu'elle soit plus coûteuse que celle qui a converti le fusil Chassepot en fusil Gras. Dans cette dernière transformation, on ne s'est pas contenté de tuber la chambre du canon, il a fallu changer complétement la culasse mobile et sacrifier, en outre, le stock considérable de cartouches m^le^ 1866 formant l'approvisionnement de l'armée. Nous disons sacrifié, car on sait que la cartouche du m^le^ 1866 ne peut pas être démolie sans donner lieu à de graves accidents, et qu'on la noie pour en extraire le salpêtre après avoir détaché la balle. On n'en retire donc pas le 1/5 de sa valeur.

Il y a pour nous entre le fusil à répétition et le fusil m^le^ 1874 plus de différence comme valeur qu'entre ce dernier et le m^le^ 1866, c'est-à-dire qu'en armant toute l'infanterie française avec le Kropatschek, on réaliserait un progrès plus considérable que celui que l'on a réalisé quand on lui a retiré le m^le^ 1866 pour lui donner le m^le^ 1874. Cependant on n'a pas hésité à le faire pour ne pas mettre nos troupes dans un état d'infériorité marqué vis-à-vis des autres puissances de l'Europe, qui venaient toutes d'adopter un fusil à cartouche métallique.

Cette fois il ne faut pas attendre que nous soyons dépassés. Moyennant une dépense qui sera moins forte pour nous que pour n'importe quelle autre puissance, nous pouvons refaire notre armement en très peu de temps.

La dépense sera bien moins élevée qu'on ne le croit. En effet, 1,500,000 Kropatschek neufs coûteront 120 millions, en estimant à 80 francs le prix de revient de chaque arme, prix très élevé; 1,500,000 fusils m^le^ 1874 à transformer en fusil à répétition ne coûteront pas plus de 30 millions, en estimant à 20 fr. le prix de revient de la transformation, prix encore très élevé. Total de la dépense, 150 millions. Nous aurions donc ainsi les 3 millions de fusils nécessaires pour l'armée active et l'armée territoriale.

Quant aux fusils m^le^ 1866 transformés en m^le^ 1874 qui sont en ce moment-ci au nombre de plus d'un million en réserve dans nos arsenaux pour l'armement de l'armée territoriale, nous ne pensons pas qu'on puisse de nouveau les transformer, à moins de changer la boîte de culasse. Cependant la chose est possible, en tout cas cela n'est point nécessaire, car les 3 millions de fusils Kropatschek suffiraient largement pour armer toutes les troupes actives et territoriales, en conservant une réserve suffisante dans les arsenaux. Il vaut mieux garder ces fusils m^le^ 1866-1874 pour l'armement général de toute la population valide, le jour où l'indépendance de la patrie menacée nous forcerait de faire de chaque citoyen un soldat. D'ailleurs, dans un avenir qui se rapproche à grands pas, l'armée n'étant autre que la nation armée, le citoyen et le soldat ne feront qu'un. Alors on aura compris que s'il est du devoir du citoyen de défendre la patrie, il est du devoir de la patrie de lui enseigner le maniement des armes qu'elle lui confiera. Il faudra que sur tous les points de la France on puisse donner à l'adolescent les connaissances nécessaires pour qu'en arrivant sous les drapeaux il sache déjà le maniement de l'arme, et qu'il n'ait plus qu'à perfectionner son instruction comme tireur. Le réserviste revenu dans ses foyers ne sera pas ainsi exposé à perdre dans une inaction forcée l'habitude du tir.

Le service obligatoire, limité à trois ans, rendra alors d'immenses services, certain que l'on sera d'avance que le jour du rappel des réserves les régiments ne recevront que des soldats bien exercés et bons tireurs. Que le spectacle lamentable de ces mobiles et mobilisés envoyés au feu en 1870-71, la plupart du temps sans avoir tiré un coup de fusil, ne soit pas perdu pour nous!

Les fusils m^le^ 1866-74, distribués en partie dans les tirs communaux, serviront pendant la paix à l'instruction des citoyens, et, en cas de guerre, à l'armement de tous les hommes valides de 40 à 60 ans qui voudront contribuer à la défense de la patrie.

On a reproché au peuple français de ne pas s'être levé en masse pour défendre son territoire dans la funeste guerre de 1870-71. Le pouvait-il avec quelques mauvais fusils de chasse et les vieux fusils à pierre des pompiers, seules armes qu'il avait à sa disposition? Nous manquions même de fusils pour nos soldats. On a acheté à des prix énormes toutes les armes se chargeant par la culasse, disponibles sur tous les marchés du monde (Remington, Sharps, Allen, Snider, etc.), et comme ces armes ne suffirent pas, le gouvernement de la Défense nationale fut obligé d'armer avec des fusils de gros calibre, se chargeant par la bouche (Springfield américain et fusil m[le] 1842), une partie des gardes nationales mobilisées de province. Si, au contraire, dès le début de la lutte pour la défense de la patrie, nos arsenaux avaient possédé le nombre d'armes et de munitions nécessaire, nous aurions pu mettre en ligne plus d'hommes que nous ne l'avons fait et mieux nous défendre.

L'époque des expéditions chevaleresques est passée pour la France. Si elle se bat, ce sera pour sa défense, et il faut qu'à l'avance elle soit toujours prête pour une guerre de résistance acharnée. Plus elle sera forte, mieux elle sera armée, et moins elle aura à redouter une guerre entreprise sans motifs sérieux. Elle veut la paix, mais qu'elle se souvienne toujours du vieil adage : *Si vis pacem, para bellum.*

Paris. — Imprimerie de J. DUMAINE, rue Christine, 2.

Planche I.

TABLEAU GRAPHIQUE INDIQUANT LE TRACÉ DES ZONES DANGEREUSES RÉELLES.

du Fusil Mle 1874.

Échelle des distances. $\frac{1}{1000}$ Echelle des hauteurs. $\frac{1}{50}$

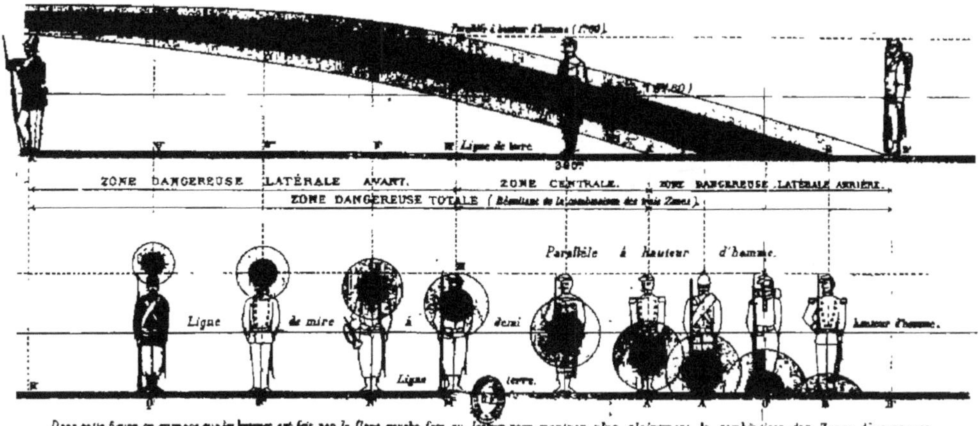

Parallèle à hauteur d'homme (1m80)

Ligne de terre

ZONE DANGEREUSE LATÉRALE AVANT. ZONE CENTRALE. ZONE DANGEREUSE LATÉRALE ARRIÈRE.

ZONE DANGEREUSE TOTALE (Résultant de la combinaison des trois Zones).

Parallèle à hauteur d'homme.

Ligne de mire à demi hauteur d'homme.

Ligne terre.

Dans cette figure on suppose que les hommes ont fait par le flanc gauche face au lecteur, pour montrer plus clairement la combinaison des Zones dangereuses.

J. Dumaine, Éditeur.

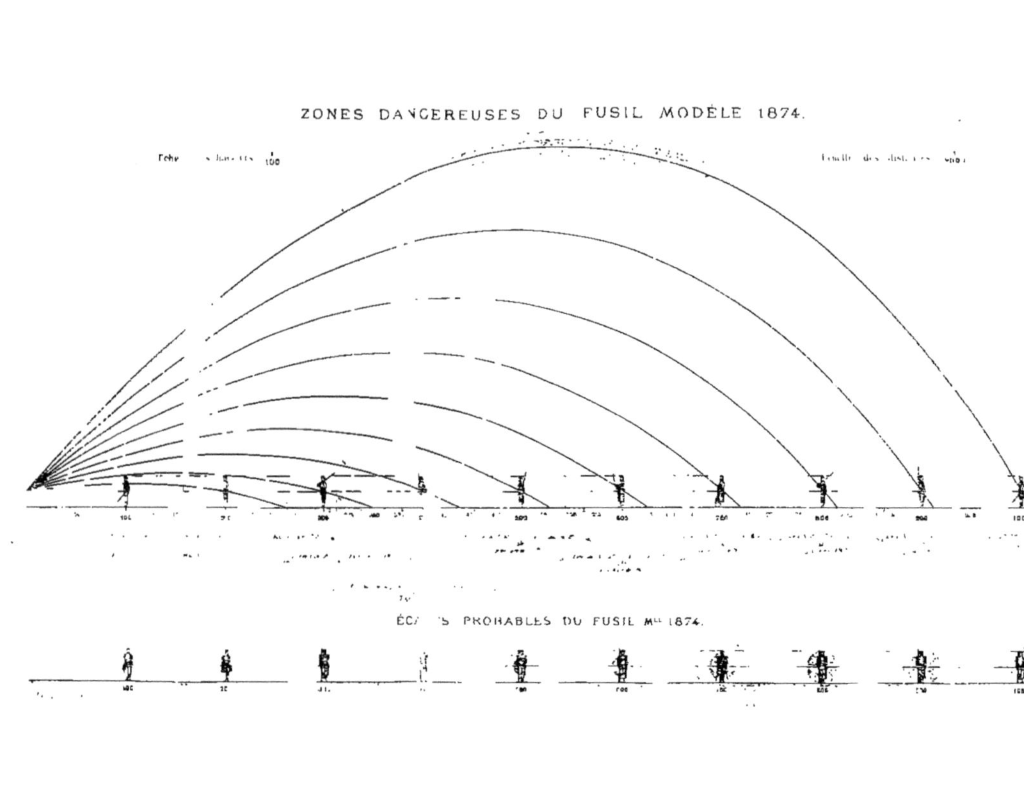
ZONES DANGEREUSES DU FUSIL MODÈLE 1874.
ÉC/ 'S PROBABLES DU FUSIL Mle 1874.

Planche III.

ZONES DANGEREUSES DU FUSIL MARTINI-HENRY.

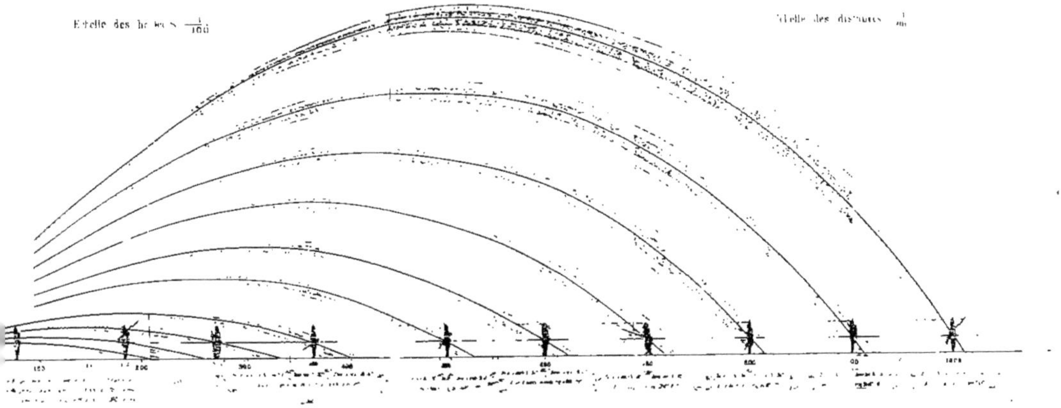

ECARTS PROBABLES DU FUSIL MARTINI-HENRY.

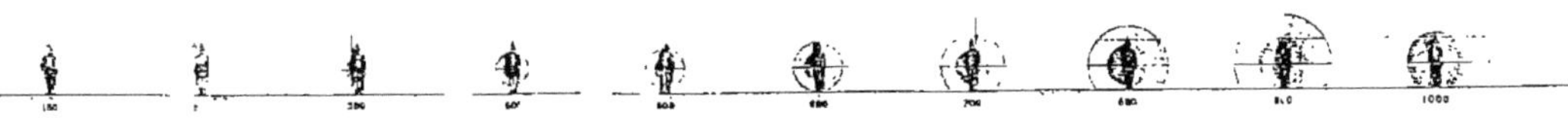

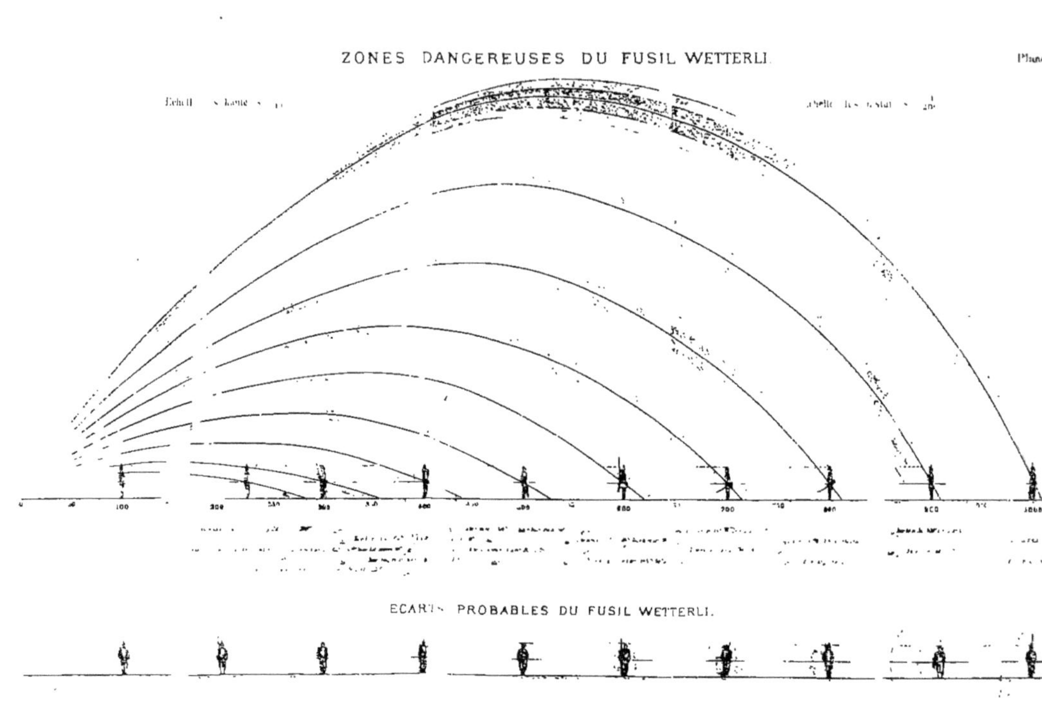
ZONES DANGEREUSES DU FUSIL WETTERLI.
100
200
300
400
500
600
700
800
900
1000
ECARTS PROBABLES DU FUSIL WETTERLI.

PARIS — IMPRIMERIE J. DUMAINE, RUE CHRISTINE, 2

www.ingramcontent.com/pod-product-compliance
Ingram Content Group UK Ltd.
Pitfield, Milton Keynes, MK11 3LW, UK
UKHW021907260726
13966UKWH00006B/1278